数据资产系列丛书

刘云波　总主编

数据安全

护航数字经济，筑牢信息安全防线

石午光　吕　雯◎编著

北京大学出版社

PEKING UNIVERSITY PRESS

内 容 简 介

在信息化和数字化飞速发展的今天，数据安全已成为企业运营的核心议题，数据作为生产要素在大规模的流动和使用过程中面临着新的挑战，区块链、人工智能技术的发展为数据安全防护提供了新的解决思路和方法。本书从数据安全的基本概念入手，深入分析了国内外数据安全形势，探讨了数据资产的生命周期安全管理，以及数据安全的关键技术手段，同时强调了数据安全的组织管理与政策法规的重要性。此外，书中还详细阐述了数据安全的应急响应与灾难恢复策略，并通过实战案例分析，提炼出数据安全防护的最佳实践，旨在为读者提供一套完整的数据安全防护体系。

本书可作为企事业单位管理人员、数据资产和数据要素从业者、信息技术从业人员的培训教材，也可作为高等学校大数据科学、大数据技术、大数据管理与应用、网络安全等相关专业的教材。

图书在版编目(CIP)数据

数据安全：护航数字经济，筑牢信息安全防线 / 石午光，吕雯编著. ——北京：北京大学出版社，2025.1.(数据资产系列丛书). —— ISBN 978-7-301-35579-4

Ⅰ.TP274

中国国家版本馆 CIP 数据核字第 202497EV53 号

书　　　名	数据安全：护航数字经济，筑牢信息安全防线	
	SHUJU ANQUAN:HUHANG SHUZI JINGJI, ZHULAO XINXI	
	ANQUAN FANGXIAN	
著作责任者	石午光　吕　雯　编著	
策 划 编 辑	李　虎　郑　双	
责 任 编 辑	黄园园　郑　双	
标 准 书 号	ISBN 978-7-301-35579-4	
出 版 发 行	北京大学出版社	
地　　　址	北京市海淀区成府路 205 号　 100871	
网　　　址	http://www.pup.cn　 新浪微博：@北京大学出版社	
电 子 邮 箱	编辑部 pup6@pup.cn　 总编室 zpup@pup.cn	
电　　　话	邮购部 010-62752015　 发行部 010-62750672　 编辑部 010-62750667	
印 刷 者	三河市北燕印装有限公司	
经 销 者	新华书店	
	730 毫米×1020 毫米　 16 开本　 10.5 印张　 156 千字	
	2025 年 1 月第 1 版　 2025 年 1 月第 1 次印刷	
定　　　价	42.00 元	

推 荐 序 一

  随着全球数字经济的快速发展，数据作为一种新型生产要素，正成为推动全球经济结构转型和全球价值链重塑的战略资源，也是国际竞争的制高点。我国政府高度重视数字经济发展和数据要素的开发应用，国家层面出台了一系列政策，大力推动数据要素化和数据资产化进程。在这一时代背景下，如何有效管理和利用数据资源或数据资产，成为各行各业亟须解决的重大课题。

  数据具备不同于传统生产要素的独特价值。数据的广泛运用，将推动新模式、新产品和新服务的发展，开辟新的经济增长点。更重要的是，数据的广泛运用带来的是效率的提升，而不是简单的规模扩张。例如，共享单车的兴起并未直接带来自行车产量的增长，但却显著提升了资源的使用效率。这种效率提升，是数字经济最核心的贡献，也是高质量发展所追求的目标。

  数字经济发展不仅需要技术创新，还需要战略引领和政策支持。没有战略的引领，往往会导致盲目发展，最终难以实现预期目标。中国在数字经济领域的成功经验表明，技术创新和商业模式创新相辅相成，数字产业化与产业数字化同步推进。国家制定数字经济发展战略要因地制宜，不可照搬他国模式，也不能搞"一刀切"。战略引领和政策支持都必须遵循数字经济发展的规律，因此，要不断深化对数字经济的研究。

  数据要素化是世界各国共同面对的新问题，有大量的理论问题和政策问题需要回答。当前，各国在数据管理、政策制定及监管方面，仍面临诸多挑战。例如，如何准确衡量数据资产的价值，如何确保数据跨境流动的安全与合规，都是摆在各国政府和企业面前的难题。对我国而言，没有信息化就没有现代化，没有网络安全就没有国家安全，在发展数字经济的同时，必须保证信息安全。因此，在制定数据收集、运用、交易、流动相关政策时，始终要坚持发展与安全并重的原则。

创新数字经济的监管同样需要研究新问题。随着数据的广泛应用，隐私保护、数据安全以及跨境流动的合规性问题变得愈加复杂。各国在探索数字经济监管体系时，必须坚持市场主导和政府引导相结合的原则，确保监管体系的适应性、包容性和安全性。分类监管是未来监管体系创新的重要方向。针对不同类型的数据，根据其对经济和安全的不同影响，创新监管方式，既要便利数据的有序流动，也要确保安全底线。

北京大学出版社出版的《数据资产系列丛书》，系统总结了数字经济发展的政策与实践，对一系列前沿理论问题和方法进行了探讨。本丛书不仅从宏观层面讨论了数字经济的发展路径，还结合大量的实际案例，展示了数据要素在不同行业中的具体应用场景，为政府和企业充分开发和利用数据提供了参考和借鉴。通过阅读本丛书，从数据的收集、存储、安全流通、资产入表，到深入的开发利用，读者将会有更加全面的了解。期待本丛书的出版为我国数字经济健康发展作出应有的贡献。

是为序。

国务院发展研究中心副主任
隆国强

推荐序二

　　随着全球产业数字化、智能化转型的深度演进，数据的战略价值愈发重要。作为新型生产要素，数据除了是信息的集合，还可以通过分析、处理、计量或交易成为能够带来显著经济效益和社会效益的资产。在这一背景下，政策制定者、企业管理者和学术界，都在积极探索如何高效管理和利用数据资产，以实现高质量发展。从整个社会角度看，做好数据治理，让数据达到有序化、合规化，保障其安全性、隐私性，进一步拓宽其应用场景，可以更好地为经济赋能增值。对于企业而言，数据作为核心资源，具有与传统有形资产显著不同的特性。它的共享性和非排他性使得数据资产管理更加复杂，理解并掌握数据资产的管理和使用方法及其价值创造方式，有助于形成企业自身的数据治理优势，能够提高企业的市场竞争力。正如我曾在多个场合提到的，数据资产的管理不仅是一个技术问题，更涉及政策、法律和财务领域的多方协作。因此，科学的管理体系是企业有效利用数据资产、提升经济效益的基础。

　　北京大学出版社《数据资产系列丛书》的出版，为这一领域提供了宝贵的理论支持与实践指导。本丛书不仅详细介绍了数据资产管理的基本理论，还结合大量实际案例，展示了数据资产在企业运营中的广泛应用。丛书在数据资产的财务处理、规范应用以及数据安全等方面，均进行了大量有益探索。在财务处理方面，企业需要结合数据的独特属性，建立适应数据资产的财务管理制度和管理体系。这不仅需要考虑数据的质量、时效性和市场需求，还需要构建符合数据资产特性的确认、计量和披露要求，以确保其在企业财务报表中的科学反映，帮助企业更好地将数据资产纳入其整体财务管理框架。在法律与政策层面，国家近年来出台了一系列法规，明确了数据安全、隐私保护及数据交易流通的基本规范。这些法规为企业和政府部门在数据资产管理中的合法合规提供了保障。在数据交易流通日益频繁的背景下，如何确保数据安全、完善基础设施建设，成为政府和企业必须面对的挑战，丛书在这些方面的分析和探讨均有助于引导读者对数据资产进行进一步的研究探索。

本丛书不仅适用于政策制定者、企业管理者和财务管理人员，也为学术界提供了深入研究数据资产管理的丰富素材。丛书从理论到实践，对数据资产的综合管理进行了系统整理和分析，可以帮助更多的企业、相关机构在数字经济时代更好地利用数据要素资源。我相信，随着数据资产管理制度体系的逐步完善，数据将进一步发挥其在资源配置、生产效率提升及经济增长中的重要作用。企业也将在这一过程中，通过科学的管理和有效的应用，进一步提升其市场竞争力，实现更高水平的发展与转型。

中国财政科学研究院副院长

徐玉德

推 荐 序 三

　　数据作为重要的生产要素，其价值日益凸显，已成为推动国民经济增长、技术创新与社会进步的关键要素。数据从信息的集合转变为可持续开发的资源，这不仅改变了企业的运营模式，也对全球经济发展路径产生了深远的影响。中国作为世界第二大经济体也是数据大国，近年来积极探索数据要素化的路径，推进数据在安全前提下的国际流动，推动全球数字经济有序健康发展。在这个过程中，如何科学地管理、评估与运营数据资产，已成为企业、政府部门乃至国家进行数据管理的核心议题。

　　从政策层面上看，数据资产的管理和跨境流动涉及多个方面，包括数据隐私、安全性、合规性以及经济效益的最大化。为了规范数据的使用与流动，确保国家安全与经济发展，近年来，我国出台了一系列法律法规，如《中华人民共和国网络安全法》与《中华人民共和国数据安全法》。这标志着我国在数据要素化的进程中迈出了重要一步，为企业的数据资产管理提供了法律依据，确保数据在创造经济价值的同时，保持高度的安全性与合规性。同时，还为推动数字经济的高质量发展提供了法律和制度保障。

　　北京大学出版社《数据资产系列丛书》的出版，恰逢其时。本丛书系统地梳理了数据资产的概念、运营管理、入表及价值评估等关键议题，可以帮助企业管理者和政府决策部门从理论到实践，全面理解数据资产的开放与共享、运营与管理。本丛书不仅涵盖了数据资产管理的基本理论，还结合了大量的实际案例，展示了数据资产在不同行业中的应用场景。例如，在公共数据的管理与运营中，丛书通过具体的案例分析，详细地讨论了如何在数据开放与隐私保护之间取得平衡，确保公共数据的合理使用与价值转化。从公共数据资产运营管理的角度，丛书不仅为政府与公共机构提升服务水平、优化资源配置提供了新思路，还能够带来巨大的社会效益。丛书中特别提到，随着大数据技术的广泛应用，公共数据的应用场景日益多样化，从智慧城市建设到公共医疗服务，数据的价值正在各个领域得到充分体现。丛书通过对这些实践的深入分析，为企业与公共机构提供了宝贵的参考，帮助其在实际操作中最大化地发挥数据的内在价值。

在企业层面，如何将数据从普通的资源转化为具有经济价值的资产，是当前企业管理者面临的重大挑战。数据资产不同于传统的有形资产，它具有共享性、非排他性和高度的流动性。这意味着企业在管理数据时，必须采用与传统资产不同的管理方法和评估模型，数据资产的有效管理，不仅能够帮助企业提高运营效率，还能够显著提升其市场竞争力。通过对数据的全面收集、分析与应用，企业可以更加精准地把握市场需求，优化生产流程，进而实现经济效益的最大化。此外，数据资产的会计处理与价值评估，是数据资产管理中的核心环节之一。由于数据资产的无形性和动态性，使得传统的资产评估方法难以完全适用。丛书中分析了数据资产的独特属性，入表和价值评估的相关要求和操作流程，可以帮助企业在财务决策中更加科学地进行数据资产的评估与管理。另外，还可以帮助企业将数据资产纳入其整体财务管理体系，提升企业在市场中的透明度与公信力。

推动数字经济有序健康发展，不仅需要政策的支持，还需要企业的积极参与。通过阅读本丛书，读者将能够更加深刻地理解数据资产的管理框架、财务处理规范及其在经济增长中的关键作用，并且在公共数据资产运营、数据安全、隐私保护及数据价值评估等方面，获得系统的指导。

总之，数字经济的迅猛发展，给全球经济带来了新的机遇与挑战。数据资产作为核心资源，其管理与运营将直接影响企业的长远发展。我相信，本丛书不仅为企业管理者提供了宝贵的实践经验，还将推动中国数字经济持续健康稳定发展。

全国政协委员、北京新联会会长、中国资产评估协会副会长

北京中企华资产评估有限责任公司董事长

权忠光

丛 书 总 序

2019 年 10 月 31 日，中国共产党第十九届中央委员会第四次全体会议通过《中共中央关于坚持和完善中国特色社会主义制度 推进国家治理体系和治理能力现代化若干重大问题的决定》，提出要健全劳动、资本、土地、知识、技术、管理、数据等生产要素由市场评价贡献、按贡献决定报酬的机制，"数据"首次被正式纳入生产要素并参与分配，这是一项重大的理论创新。2020 年 3 月 30 日，中共中央、国务院发布《中共中央、国务院关于构建更加完善的要素市场化配置体制机制的意见》，将数据与土地、劳动力、资本、技术等传统要素并列成为五大生产要素。《中共中央、国务院关于构建数据基础制度更好发挥数据要素作用的意见》提出要根据数据来源和数据生成特征，分别界定数据生产、流通、使用过程中各参与方享有的合法权利，建立数据资源持有权、数据加工使用权、数据产品经营权等分置的产权运行机制。鼓励公共数据在保护个人隐私和确保公共安全的前提下，按照"原始数据不出域、数据可用不可见"的要求，以模型、核验等产品和服务等形式向社会提供，实现数据流通全过程动态管理，在合规流通使用中激活数据价值。

可以预期，数据作为新型生产要素，将深刻改变我们的生产方式、生活方式和社会治理方式。随着数据采集、治理、应用、安全等方面的技术不断创新和产业的快速发展，数据要素已成为国民经济长期增长的内生动力。从广义上理解，数据资产是能够激发管理服务潜能并能带来经济效益的数据资源，它正逐渐成为构筑数字中国的基石和加速数字经济飞跃的关键战略性资源。数据资产的科学管理将为企业构建现代化管理系统，提升企业数据治理能力，促进企业战略决策的数据化、科学化提供有力支撑，对于企业实现高质量发展具有重要的战略意义。数据资产的价值化是多环节协同的结果，包括数据采集、存储、处理、分析和挖掘等。随着技术的快速发展，新的数据处理和分析技术不断涌现，企业需要更新和完善自身的管理体系，以适应数据价值化的内在需求。数据价值化将促使企业提升数据治理水平，完善数据管理制度，建立完善的数据治理体系；企业还需要打破部门壁垒，实现数据的跨部门共享和协作。随着技术的高速发展，大数据、云计算、人工智能等技术的应用日益广泛，数据资产的价值正逐渐被不同行业的企业所认识。然而，相较于传统的资产类型，数据资产的特性使得其在管理、价值创造与会计处理等方面面临诸多挑战，提升数据资产的管理能力是产业数字化和数据要素化的关键，也是提升企业核心竞争力和发展新质生产力的必然选择。我们需要在不断研究数据价值管理理论的基础上，深入开展数据价值化实践，以有效释放数据资产的价值并推进数字经济高质量发展。

财政部 2023 年 8 月印发《企业数据资源相关会计处理暂行规定》，标志着"数据资产入表"正式确立。2023 年 9 月 8 日，在财政部指导下，中国资产评估协会印发《数据资产评估指导意见》，为数据资产价值衡量提供了重要标准尺度。数据资产入表的推进为企业数据资产的价值管理带来新的挑战。数据资产入表不仅需要明确数据资产确认的条件和方式，还涉及如何划定数据资产的边界，明确会计核算的范围，这是具有一定挑战性的任务。最关键的是，数据资产入表只是数据资源资产化的第一步。同时，数据资产的价值评估已成为推动数据资产化和数据资产市场化不可或缺的重要环节之一。由于数据资产的价值在很大程度上取决于其在特定应用场景中的使用，现实情况中能够直接带来经济利益流入的应用场景相对较少，如何对数据资产进行合理和科学的价值评估，也是资产评估行业和社会各界所关注的重要议题，需要深入进行理论研究并不断总结最佳实践。

数据资产化将加速企业数字化转型，驱动企业管理水平提升，合规利用数据资源。数据资产入表将对企业数据治理水平提出挑战，企业需建立和完善数据资产管理体系，加强数字化人才的培养，有效地进行数据的采集、整理，提高数据质量，让数据利用更有可操作性、可重复利用性。企业管理层将会更加关注数据资产的管理和优化，强化数据基础，提高企业运营管理水平，助力企业更好地遵循相关法规，降低合规风险，注重信息安全。通过对数据资产进行系统管理和价值评估，企业能够更好地了解自身创新潜力，有助于优化研发投资，提高业务的敏捷性和竞争力，推动基于数据资产利用的场景创新并激发业务创新和组织创新。因此，需要就数据资源的内容、数据资产的用途、数据价值的实现模式等进行系统筹划和全面分析，以有效达成数据资源的资产化实现路径，并不断创新数据资产或数据资源的应用场景，为企业和公共数据资产化和资本化的顺利实现，通过数据产业化发展地方经济，构建新型的数据产业投融资模式，以及国民经济持续健康发展打下坚实的基础。

数据要素在政府社会治理与服务，以及宏观经济调控方面也扮演着关键角色。数据要素的自由流动提高了政府的透明度，增强了公民和政府之间的信任，同时有助于消除"数据孤岛"，推动公共数据的开放共享。来自传统和新型社交媒体的数据可以用于公民的社会情绪分析，帮助政府更好地了解公民的情感、兴趣和意见，为公共服务对象的优先级制定提供支持，提升社会治理水平和能力。还可以对来自不同公共领域的数据进行相关性分析，有助于政府决策机构进行更准确的经济形势分析和预测，从而促进宏观经济政策的有效制定。公共数据也具有巨大的经济社会价值，2023 年12 月 31 日国家数据局等 17 个部门联合印发《"数据要素×"三年行动计划（2024—2026 年）》，提出要以推动数据要素高水平应用为主线，以推进数据要素协同优化、复用增效、融合创新作用发挥为重点，强化场景需求牵引，带动数据要素高质量供给、合规高效流通，培育新产业、新模式、新动能，充分实现数据要素价值。2023 年 12 月 31 日，财政部印发《关于加强数据资产管理的指导意见》，明确指出要坚持有效市场与有为政府相结合，充分发挥市场配置资源的决定性作用，支持用于产业发展、行业发展的公共数据资产有条件有偿使用，加大政府引导调节力度，探索建立公共数据资产开发利用和收益分配机制。我们看到，大模型已在公共数据开发领域发挥着显著的作用。

数据要素化既有不少机遇也有许多挑战，当前在数据管理、数据安全及合规监管方面还有大量的理论问题、政策问题以及具体的实现路径问题需要回答。例如，如何准确衡量数据资产的价值，如何确保数据交易流动的安全与合规，利益的合理分配，数据资产的合理计量和会计处理，都是摆在政府和企业面前的难题。在这样的背景下，北京大学出版社邀请我组织编写《数据资产系列丛书》，我深感荣幸与责任并重。我们生活在一个信息飞速发展的时代，每一天都有新的知识、新的观点、新的思考在涌现。作为致力于传播新知识、启迪思考的丛书，我们深知自己肩负的使命不仅仅是传递信息，更是要引导读者深入思考，激发他们内在的智慧和潜能。在筹备丛书的过程中，我们精心策划、严谨筛选，力求将最有价值、最具深度的内容呈现给读者。我们邀请了众多领域的专家学者，他们用自己的专业知识和独特视角，为我们解读相关理论和实践成果，让我们得以更好地理解那些隐藏在表象之下的智慧和思考。本丛书不仅是对数据要素领域理论体系的一次系统梳理，也是对现有实践经验的深度总结。在未来的数字经济发展中，数据资产将扮演越来越重要的角色，希望这套丛书能成为广大从业人员学习、参考的必备工具。

我要感谢本丛书的作者团队。他们在繁忙的工作之余，收集大量的资料并整理分析，贡献了他们的理论研究成果和丰富的实践经验，他们的智慧和才华，为丛书注入了独特的灵魂和活力。

我要感谢北京大学出版社的编辑和设计团队。他们精心策划、认真审阅、精心设计，他们的专业精神和创造力，为丛书增添了独特的魅力和风采。

我还要感谢我的家人和朋友们。他们一直陪伴在我身边，给予我理解和支持，让我能够有时间投入到丛书的协调和组织工作中。

最后，我要再次向所有为丛书的出版作出贡献的人表示衷心的感谢，是你们的努力和付出，让丛书得以呈现在大家面前；我们也将继续努力，为大家组织编写更多数据资产系列书籍，为中国数字经济的发展作出应有的贡献。

中国资产评估协会数据资产评估专业委员会副主任

北京中企华大数据科技有限公司董事长

刘云波

前　　言

在当今人工智能技术迅猛发展的时代，数据已成为推动社会进步和科技创新的关键力量。无论是在个人的日常生活、企业的运营决策中，还是在国家的治理体系中，数据都发挥着至关重要的作用。然而，随着数据量的急剧增加及其广泛应用，数据安全问题也日益凸显，成了一个不容忽视的问题。数据泄露、隐私侵犯及网络攻击等问题频繁发生，不仅威胁到了个人隐私安全，也影响了企业的生存和发展，甚至关系到国家安全。

在这样的背景下，数据安全的重要性愈发突出。随着云计算、大数据、物联网等技术的快速发展，数据处理和存储变得越来越复杂，而网络攻击手段也在不断进化，这对数据安全构成了极大的威胁。因此，加强数据安全保护不仅是必要的，而且是紧迫的。

尽管面临着重重挑战，数字化时代也为数据安全带来了新的发展机遇。一方面，新兴的技术为数据安全防护提供了更多有力的支持；另一方面，随着社会各界对数据安全重视程度的提高，数据安全行业正迎来前所未有的增长空间。每个人都应当承担起学习和了解数据安全的责任，不断提升自身的数据安全防护能力。

本书旨在全面探讨数据作为生产要素后的数据安全重要性及应对策略。我们将通过理论分析和实际案例来深入剖析数据安全的内容和形势，使读者能够对数据安全有清晰的理解。书中不仅会介绍当前数据安全领域的最新技术和趋势，还会为读者提供实用的数据安全解决方案，帮助他们在实际工作中更好地应用这些知识。

数据安全并非单一的防护手段可以确保的，它需要从技术、管理、法律等多个维度进行综合考虑，但技术是基础工具和手段。本书从数据加密、身份认证、网络隔离等技术手段入手，深入讲解这些技术在数据安全中的应用和实践。此外，详细阐述了防护和检测数据泄露的各种技术手段，包括泄露途径的分析、潜在风险的评估以及检测工具的使用，帮助识别和防止数据泄露。

在法律层面，本书涉及并分析国内外与数据安全相关的法律法规，以及这些法规如何在实际操作中发挥作用。随着数据安全问题的日益突出，各国政府都在加强数据安全立法工作，以保障个人隐私和企业商业机密的安全。了解这些法律法规，不仅能帮助组织和个人规避法律风险，还能在数据泄露等安全事件发生时，找到有效的法律武器。

为了更好地帮助读者理解数据安全问题，本书在理论讲解中穿插了大量实际案例分析，让读者在理论与实践之间建立紧密的联系。这些案例涵盖了不同行业、不同场景下的数据安全问题，具有很强的代表性和实用性。通过对这些案例的分析，读者可以更加直观地了解数据安全问题的成因、影响和解决方案。

本书是作者在数据安全领域多年研究和实践的成果，本书可作为企事业单位管理人员、数据资产和数据要素从业者、信息技术从业人员的培训教材，也可作为高等学校大数据科学、大数据技术、大数据管理与应用、网络安全等相关专业的教材。

在本书中，作者将带领读者逐步深入数据安全的各个层面，从基础概念到高级技术，从管理策略到法律法规，围绕数据安全的基本概念、技术原理、实践应用等方面展开详细讨论，让读者全方位地了解和掌握数据安全。希望本书能够帮助更多的人了解数据安全，掌握数据安全的基本知识和技能，共同构建一个更安全、更可靠的数据要素世界。

作者

2024 年 5 月

目　　录

第 1 章

数据安全的基本概念

　　本章首先对数据安全的基本概念进行阐述，包括其广义和狭义的解释，并探讨了数据安全与信息安全之间的紧密联系。然后，强调了数据安全在现代社会中的重要性，它不仅关乎个人隐私的保护，更对企业运营的稳定性和竞争力产生深远影响，甚至关系国家安全。最后，详细讲述了数据安全的基本原则，即保密性（Confidentiality）、完整性（Integrity）和可用性（Availability），简称 CIA 三要素，并强调了企业和个人在数据安全方面的共同责任与义务，以确保数据在存储、传输和使用过程中的安全性。

1.1　数据安全的定义

1.1.1　数据安全的广义与狭义解释

　　在信息爆炸的时代背景下，数据被赋予了前所未有的价值，如同"新时代的石油"，成为推动社会发展的关键驱动力。然而，伴随着数据价值的攀升，其脆弱性与安全风险也随之显现，数据安全问题逐渐成为全球关注的焦点。本节旨在从广义和狭义两个层面，深入剖析数据安全的内涵，探讨其构成要素、技术手段及管理策略，为读者构建一个全面、立体的数据安全认知框架。

　　1. 数据安全的广义解释

　　广义的数据安全，如同一张密布的防护网，覆盖数据从生成、存储、处理到销毁的每一个环节，构建起立体化的安全屏障。

　　在物理存储安全层面，企业需重视数据存储设备的物理保护。例如，服务器机房的环境控制，温湿度的精确调节可以防止硬件故障；物理访问控制，如门禁系统和闭路电视监控，能够有效阻止非法进入。以亚马逊云平台为例，其数据中心采用多层物理安全措施，包括生物识别门禁、24 小时监控和专业安保团队，确保数据在物理层面的安全。此外，硬件冗余设计和灾难恢复策略也是物理存储安全的关键，通过异地备份和快速恢复机制，保障数据在遭遇自然灾害或人为破坏时的快速恢复。

在逻辑安全层面，数据加密技术是核心。以安全套接层/传输层安全（Secure Sockets Layer/Transport Layer Security，SSL/TLS）协议为例，它在互联网通信中被广泛应用，通过对传输数据进行加密，即使数据在网络中被截获，也无法被非授权用户解读，从而保护数据的完整性和保密性。设立访问控制机制，如基于角色的访问控制（Role-Based Access Control，RBAC），确保只有授权用户才能访问特定数据，防止非法访问和数据篡改。例如，谷歌采用零信任安全模型，即使是内部员工，也需要经过多重验证才能访问敏感数据。此外，还应设立审计与监控机制，如日志管理和实时监测，能够追踪数据访问行为，及时发现异常活动，确保数据使用的合规性。

在数据安全的管理层面，强调制度建设与合规性。企业应建立完善的数据治理框架，包括数据分类、生命周期管理、隐私保护政策等，确保数据使用符合法律法规要求。例如，欧盟颁布的《通用数据保护条例》（General Data Protection Regulation，GDPR）规定，企业需对个人数据进行分类标记，以便在数据泄露时迅速定位受影响的数据。此外，员工培训和安全意识教育也是管理层面的重要组成部分，通过定期的安全培训和模拟演练，提升内部人员的数据安全意识，减少因疏忽或误操作导致的安全隐患。

2. 数据安全的狭义解释

狭义的数据安全，侧重于具体的技术手段和实施策略，构建坚固防线，抵御直接威胁。狭义的数据安全主要包括以下几部分。

（1）加密技术，作为狭义数据安全的核心，利用密码学原理对数据进行编码，确保即使数据被截获，也无法被非授权用户解读。例如，比特币区块链中的交易数据，通过非对称加密技术，保证了数据的私密性和不可篡改性。此外，哈希函数在数据完整性校验中扮演着重要角色，通过计算数据的哈希值，可以快速检测数据是否被篡改。

（2）多因素认证和权限管理机制，确保只有经过验证的用户才能访问特定数据，有效限制非法访问与操作。例如，微软的（Microsoft Entra ID）

服务提供了多种身份验证方式，包括密码、指纹、面部识别等，以及基于角色的访问控制，确保用户权限最小化，防止权限滥用。

（3）基于最小权限原则的访问控制策略，精细划分用户权限，控制数据的访问与修改，减少潜在的内部威胁。

（4）实时监控和日志审计机制，如事件管理系统能够追踪数据访问行为，及时发现异常活动，防止数据泄露或不当使用。

（5）定期备份数据和制定灾难恢复策略，是狭义数据安全的重要组成部分，能够确保在数据丢失或系统故障时，迅速恢复业务，降低损失。例如，实施分布式文件系统和多副本存储策略，即使部分服务器出现故障，也能保证数据的持久性和高可用性。

数据安全作为数字时代的守护神，其重要性与日俱增。面对数据量的爆炸式增长和网络安全威胁的不断升级，构建全面的数据保护体系成为当务之急。未来，随着人工智能、物联网、5G 等新兴技术的普及，数据安全的内涵将更加丰富，挑战也将更加复杂。这要求我们持续关注技术发展趋势，创新安全策略，构建更加坚固的数据防护体系，以应对未来的安全挑战。数据安全是一个复杂的系统工程，需要技术、管理和法律手段的协同作用，构建多层防护体系。企业应根据自身特点和需求，制定定制化的安全策略，如建立跨部门的数据安全委员会，开展定期的安全审计与风险评估，以及持续的安全意识培训，形成全员参与的安全文化。

1.1.2　数据安全与信息安全的关系

数据安全与信息安全是两个紧密相关但各有侧重的概念。信息安全作为一个综合性领域，涵盖了保护信息系统及其内部数据的全方位安全需求。它包含了物理安全（保护硬件和设施）、网络安全（防御网络攻击和入侵）、系统安全（确保操作系统的稳定性和安全性）和应用安全（保护应用程序免受攻击和滥用）等多个方面，以确保信息系统及其数据的完整性、机密性和可用性。数据安全则可以视为信息安全的一个重要子集，它专注于保护信息系统中数据的安全。数据安全的目标是确保数据的机密性、完整性和可用性，防止数据被非法访问、泄露、篡改或破坏。数据安全不仅关注数据的存储安全，还涉及数据的传输、处理和使用过程中的安全保护。

数据安全与信息安全之间存在着密切的关系，这种关系体现在多个方面。

（1）数据安全可以被视为信息安全的一个子集。信息安全是一个更为宽泛的概念，它关注的是整个信息系统的安全性，包括硬件、软件、网络及数据等多个方面。而数据安全则更专注于保护信息系统中的数据部分，确保数据的机密性、完整性和可用性。

（2）数据安全和信息安全都致力于实现共同的目标，即保护数据的机密性、完整性和可用性。这意味着它们都需要防止数据被非法访问、泄露、篡改或破坏。无论是数据安全还是信息安全，其核心目标都是确保数据的安全性和可靠性。

（3）数据安全和信息安全相互依赖。一个强大的信息安全框架为数据安全提供了坚实的基础。通过加强网络防御、实施访问控制等信息安全措施，可以有效地降低数据泄露和篡改的风险。同时，数据安全措施的加强也有助于提升整个信息系统的安全性。例如，通过加密技术保护数据的机密性，不仅可以防止数据泄露给外部攻击者，还能减少内部人员滥用数据的可能性。

（4）在实际应用中，需要将数据安全和信息安全结合起来，形成一个综合的防护体系。这包括制定全面的安全策略、加强网络防御、实施访问控制、定期备份数据以及进行安全培训和意识提升等。通过这些综合措施的实施，可以更有效地保护信息系统及其中的数据免受各种威胁和攻击，确保数据的安全性和可靠性。

对于个人而言，数据安全意味着个人隐私的保护，包括个人身份信息、财务信息、健康信息等。对于企业而言，数据安全涉及企业敏感信息的保护，如商业机密、客户数据、研发成果等。对于国家而言，数据安全更是国家安全的重要组成部分，影响国家安全、经济发展和社会稳定等核心利益。因此，无论是个人、企业还是国家，都需要高度重视数据安全和信息安全，采取切实有效的措施来保护自己的数据安全和信息安全。

1.2 数据安全的重要性

1.2.1 数据作为资产的价值

数据不仅蕴含着巨大的经济潜力，更是企业竞争力的核心所在。随着数字化转型的加速推进，数据已从简单的信息记录转变为企业宝贵的战略资产之一。其价值远远超越了单纯的数量积累，而在于深度洞察、业务创新、客户体验优化及风险管控等多个维度上的无限潜能。

1. 深度洞察

数据为企业决策提供了坚实的基础。通过对市场动态、消费者行为、运营效率等多维度数据的深入分析，企业能够获得前所未有的洞察力，从而在复杂多变的环境中做出明智的决策。例如，零售巨头亚马逊利用大数据分析预测消费者需求，调整库存管理，优化供应链，实现了成本节约与销售增长的双赢。数据的洞察力同样助力企业识别行业趋势，把握市场先机，为长期战略规划提供有力支撑，确保决策的前瞻性和有效性。

2. 业务创新

在当今的数字经济中，数据驱动的业务创新正成为企业增长的新引擎。通过对海量数据的精细挖掘与分析，企业能够洞察市场空白，发现新的商业机会，推动产品与服务的迭代升级，以满足消费者日益个性化和多元化的需求。例如，Netflix 凭借对用户观看习惯的深度学习，推出了个性化推荐系统，极大地提升了用户体验，促进了用户订阅量的激增。数据驱动的创新还体现在流程优化、成本控制等方面，帮助企业实现精益运营，提高整体竞争力。

3. 客户体验优化

数据在重塑客户体验方面发挥着至关重要的作用。通过收集和分析客户数据，企业能够深入了解客户需求与偏好，提供高度个性化的服务与产品，增强客户满意度与忠诚度。例如，星巴克利用移动应用收集顾客消费数据，通过数据分析推出定制化促销活动，有效提升了顾客的复购率。数据还赋能客户服务，通过智能客服系统和实时反馈机制，企业能够迅速响应客户需求，解决客户问题，进一步提升客户体验。

4. 风险管控

在不确定性日益增加的商业环境中，数据在风险管理方面的价值愈发凸显。通过对历史数据的分析，结合实时监测，企业能够识别潜在风险，评估其影响程度，提前制定应对策略，从而有效避免或减轻风险带来的负面影响。例如，金融机构通过信用评分模型和欺诈检测系统，基于大量客户数据，有效识别信贷风险和欺诈行为，保障了金融交易的安全与稳定。数据驱动的风险管理还能够帮助企业优化资源分配，合理规划预算，确保企业的长期稳健运营。

随着数据量的爆炸性增长和数据类型的日益多样化，数据资产的价值日益凸显，同时也面临着前所未有的安全挑战。数据泄露、篡改或破坏不仅可能导致经济损失，还可能损害企业声誉，甚至触犯相关法律法规。因此，建立健全数据安全管理体系，采用先进的加密技术、访问控制、灾备恢复等措施，成了企业保护数据资产安全的必然选择。此外，培养员工数据安全意识，定期进行安全培训与演练，也是构建数据安全防线的重要环节。

数据正在深刻改变着我们的工作与生活方式。然而，数据的价值并非自动实现，它需要通过有效的采集、存储、分析与应用来释放。在这个过程中，数据安全保护的重要性不容忽视。未来，随着人工智能、物联网、云计算等技术的不断进步，数据的采集与分析能力将进一步提升，数据资产的价值也将更加凸显。企业应当抓住这一机遇，充分利用数据的力量，同时构建稳固的数据安全体系，共同开启数据驱动的美好未来。

1.2.2 数据安全的影响

在数字化浪潮席卷全球的当下，数据安全不仅成为衡量一个国家、企业乃至个人信息安全水平的关键指标，更直接关系政治稳定、经济发展与个人隐私。数据安全的影响深远且广泛，其重要性不容忽视。本书将从国家、企业与个人三个层面，深度剖析数据安全的必要性及其对各自领域产生的深远影响。

1. 国家层面

数据安全直接关乎国家安全、经济繁荣与社会稳定，是国家治理体系和治理能力现代化的重要组成部分。数据，尤其是政府、军队、科研机构等关键领域的数据，被视为国家的战略资源，其安全直接关系国家的政治、经济、军事等核心利益。

数据泄露可能导致国家机密被曝光，国家安全遭受威胁。例如，情报机构的数据库如果遭到黑客攻击，可能会泄露国家的战略部署、军事计划或是外交策略，严重影响国家安全。因此，保护数据安全对于维护国家主权、社会稳定至关重要。

数据安全对经济发展具有重要影响。在全球化的今天，数据已成为重要的生产要素和战略资源，支撑着金融、科技、教育、医疗等各行各业的创新与发展。数据泄露或滥用不仅可能导致经济损失，还会扰乱市场秩序，影响投资者信心，对国家经济造成不可估量的伤害。

数据安全还涉及国际关系和外交政策。随着全球化进程的加快，跨境数据流动、数据主权等问题日益成为国际关注的焦点。国家之间的数据保护法规差异、数据管辖权争议等，都可能成为引发外交摩擦的导火索。因此，国家需积极参与国际规则制定，构建公平合理的全球数据治理体系。

2. 企业层面

数据安全涉及商业机密、研发成果等敏感信息，直接关系企业的生存和发展。数据泄露可能导致企业失去竞争优势,甚至面临法律诉讼和声誉损失。

企业内部的商业机密,如客户名单、财务数据、研发资料等,都是企业的核心资产。一旦泄露,将使企业陷入被动,丧失市场优势。因此,保护数据安全是企业维护自身利益、确保持续发展的前提。

数据安全措施有助于确保企业合规性,降低法律风险。随着各国对数据保护立法的加强,企业需遵守一系列数据保护法规,如欧盟的《通用数据保护条例》(GDPR)、中国的《中华人民共和国网络安全法》等。加强数据安全不仅可以避免法律制裁,还能提升企业形象,增强客户信任。

在数字化时代,数据已成为企业竞争的新战场。数据安全不仅关乎企业的运营风险,还直接影响企业的核心竞争力。只有确保数据安全,企业才能放心地进行数据挖掘与分析,从而在激烈的市场竞争中脱颖而出。

3. 个人层面

数据安全直接影响个人隐私和财产安全。个人信息的泄露可能导致身份盗窃、欺诈等风险。

个人数据,如姓名、地址、电话号码、电子邮件等,是个人隐私的重要组成部分。一旦这些信息被不法分子获取,可能会被用于骚扰、诈骗等非法活动,严重侵犯个人隐私权。银行账户、支付密码等敏感信息的泄露,可能导致个人财产遭受损失。随着网络支付的普及,个人财产安全越来越依赖于数据安全。一旦这些信息被盗,不仅会造成经济损失,还可能影响个人信用,带来长期的负面影响。

综上所述,数据安全对国家、企业、个人的重要性不言而喻。为了构建一个更加安全的数据环境,各方需共同努力。国家需制定并完善相关法律法规,加强数据安全监管和技术研发,同时积极参与国际合作,共同打击跨国数据犯罪,维护全球数据安全。企业需要投入足够的资源和精力来加强数据安全建设,建立健全数据安全管理体系,采用先进的加密技术、访问控制技术、灾备恢复等措施,确保数据的机密性、完整性和可用性,从而维护企业的正常运营和持续发展。个人则应加强密码管理,谨慎处理个人信息，使用安全的网络环境，提高警惕性，并持续学习和了解数据安全知识。例如，定期更换密码，不随意点击不明链接，安装并更新反病毒软件，不在公共 Wi-Fi 下进行敏感操作等，都是保护个人数据安全的有效措施。只有国家、企业与个人三方共同发力，构建全方位、多层次的数据安全防护体系，才能在数字化转型的浪潮中，确保数据的安全与价值，促进社会经济的健康发展，保障个人隐私与权益，共创和谐稳定的数字未来。

1.3 数据安全的基本原则

1.3.1 保密性、完整性和可用性

在数字化时代，数据作为组织和个人的宝贵资产，其安全问题日益凸显。数据安全的核心目标在于保护数据的保密性、完整性和可用性，这三个要素通常被称为 CIA 三要素，构成了数据安全的基石。本节将深入探讨 CIA 三要素的意义、实践方法及其对组织和个人的重要影响。

1. 保密性

保密性指确保数据内容不被未授权的个人或系统获取，是数据安全的首要原则。在信息高度流通的今天，数据泄露事件频发，对个人隐私、企业机密乃至国家安全构成严重威胁。因此，采取有效的保密措施，保护数据免受非法访问，成为数据安全的重中之重。

实践方法如下。

（1）数据加密。数据加密是实现数据保密性的关键技术。通过对数据进行编码，即使数据在传输或存储过程中被截获，也无法被未授权者解读。加密算法的选择和密钥管理是加密技术的核心，企业需根据数据的敏感程度和使用场景，选择合适的加密算法，并严格管理密钥，确保数据加密的安全性。

（2）访问控制。通过设置访问权限，限制对数据的访问，是防止数据

泄露的一个重要手段。基于角色的访问控制是一种常用的访问控制策略，它根据用户的角色和职责，授予相应的访问权限，确保数据只被授权用户访问。此外，多因素认证（Multi-Factor Authentication，MFA）的实施，如结合密码、生物特征、安全令牌等方式，进一步增强了访问控制的安全性。

（3）身份验证。身份验证是访问控制的前提，它确认用户的身份，防止未授权访问。传统的用户名/密码验证方式容易被破解，因此，采用更强的身份验证机制，如生物特征识别、一次性密码（One Time Password，OTP）等，是提高数据保密性的关键。

2. 完整性

完整性指保护数据免受未经授权的修改或破坏，确保数据的准确性和可信度，是数据安全的第二个重要因素。数据的完整性一旦受损，可能导致决策失误、业务中断等一系列连锁反应，给企业和社会造成不可估量的损失。

实践方法如下。

（1）数字签名。数字签名是一种基于公钥密码学的电子签名技术，它能够验证数据的来源和完整性，防止数据在传输过程中被篡改。通过使用发送方的私钥对数据进行加密，接收方使用发送方的公钥解密，即可验证数据的完整性和发送方的身份，确保数据的真实性和未被篡改。

（2）校验和。校验和是一种简单而有效的数据完整性验证方法。通过计算数据的校验和值，并与原始值进行比较，可以快速检测数据是否被修改。常见的校验和算法包括 MD5、SHA 系列等，广泛应用于文件传输、软件分发等领域，确保数据在传输过程中的完整性。

3. 可用性

可用性指授权用户能够在需要时可靠地访问和使用数据，是数据安全的第三个重要因素。在数据驱动的业务环境中，数据的高可用性直接关系业务的连续性和用户体验。一旦数据无法访问，可能导致业务中断、客户流失等严重后果。

实践方法如下。

（1）容错技术。容错技术旨在提高数据系统的可靠性，确保数据在面对硬件故障、软件错误等情况时仍能正常运行。常见的容错策略包括数据冗余、故障切换、热备份等，通过复制数据和配置备用系统，即使主系统发生故障，备用系统也能迅速接管，保证数据的持续可用。

（2）备份恢复策略。数据备份是数据可用性的基础，通过定期备份数据，可以防止数据因意外删除、硬件故障或恶意攻击等原因而丢失。企业需制定详细的备份策略，包括全量备份、增量备份、差量备份等，以及确定备份频率和保留周期，确保数据的完整性和可恢复性。同时，建立快速的恢复流程，确保在数据丢失时能够迅速恢复业务，减少停机时间。

（3）防范拒绝服务攻击。拒绝服务（Denial of Service，DoS）攻击通过消耗系统资源，使合法用户无法访问服务，是影响数据可用性的常见威胁。通过部署防火墙、负载均衡器、流量清洗中心等安全设备，以及实施流量监控和异常检测机制，可以有效抵御 DoS 攻击，保障数据服务的稳定运行。

数据安全的 CIA 三要素——保密性、完整性和可用性，是确保数据安全的基石，如图 1.1 所示。通过采取数据加密、访问控制、数字签名、容错技术、备份恢复策略等措施，企业能够有效保护数据免受非法访问、篡改和丢失的威胁，保障数据的安全与价值。在数字化转型的道路上，数据安全的重要性日益凸显，只有坚守 CIA 三要素，构建全面的数据保护体系，才能在信息时代中稳步前行，实现可持续发展。未来，随着技术的不断进步，数据安全的实践方法将更加丰富和完善，但 CIA 三要素作为数据安全的核心原则，将始终贯穿于数据保护的全过程，引领我们走向更加安全、智能的数字未来。

图 1.1　CIA 三要素

1.3.2　责任与义务原则

在数据安全领域，除了保密性、完整性和可用性这三大核心原则，责任与义务原则同样占据着举足轻重的地位。这一原则明确了数据所有者、管理者和使用者在数据安全保护中的角色与职责，强调了每个参与者在维护数据安全中的不可或缺作用。

1. 数据所有者的责任与义务

数据所有者，作为数据的拥有者和最终责任人，承担着确保数据安全性和保密性的首要任务。在数字化转型的浪潮中，数据已经成为企业的重要资产，数据安全直接关系企业的核心竞争力和长远发展。因此，数据所有者必须履行以下责任与义务。

（1）数据所有者应根据数据的敏感程度和业务需求，制定详细的数据安全政策，明确数据的分类、存储、使用和共享等方面的规范。政策应包括数据分类标准、访问权限管理、数据加密要求、数据备份与恢复策略等内容，确保数据在各个阶段都能得到有效保护。

（2）数据所有者有义务对数据使用者进行授权，明确数据访问和使用的范围，确保数据只被用于合法、合规的目的。此外，数据所有者还应建立监控机制，定期审查数据访问记录，及时发现和处理异常行为，防止数据被滥用或泄露。

（3）数据所有者应定期对员工进行数据安全培训，提高员工的数据安全意识和技能，确保每位员工都能理解和遵守数据安全政策，共同维护数据安全。

2. 数据管理者的责任与义务

数据管理者，作为数据安全策略的具体执行者，肩负着落实数据安全政策、执行控制措施的重要职责。在不断变化的网络安全威胁面前，数据管理者必须保持警惕，确保数据安全策略的有效性和适应性。数据管理者需承担的责任与义务如下。

（1）数据管理者应严格按照数据所有者制定的数据安全政策，执行数据分类、访问控制、数据加密等措施，确保数据在存储、传输和处理过程中的安全性。

（2）数据管理者需定期评估数据安全策略的有效性，根据最新的安全威胁和技术发展，适时调整安全策略，以应对不断变化的安全挑战。

（3）数据管理者有义务对关键数据进行定期备份，建立数据恢复计划，确保在数据丢失或系统故障的情况下，能够迅速恢复数据，减少业务中断时间和损失。

（4）数据管理者应保持数据安全相关工具的更新和维护，如防病毒软件、防火墙、入侵检测系统等，确保这些工具能够有效抵御各种安全威胁。

3. 数据使用者的责任与义务

数据使用者，作为数据安全链中的最后一环，虽然不是数据的所有者或管理者，但在日常工作中，他们的行为直接影响着数据的安全。因此，数据使用者同样承担着重要的责任与义务。

（1）数据使用者应严格遵守数据安全政策和操作规程，不得将数据用于非法或未经授权的目的，确保数据在使用过程中的安全性和合规性。

（2）数据使用者需妥善保管个人的登录凭证，如用户名、密码、数字证书等，避免因凭证泄露导致数据被非法访问。

（3）数据使用者有义务及时报告任何可疑的数据安全事件，如登录异常、数据泄露等，以便数据所有者和管理者能够迅速采取措施，防止损失扩大。

（4）数据使用者应积极参与数据安全培训，提高个人的数据安全意识和防护技能，共同维护数据安全。

在数据驱动的现代社会，数据安全的重要性不言而喻。责任与义务原则作为数据安全的重要组成部分，强调了数据所有者、管理者和使用者在数据安全保护中的角色与职责。只有通过共同的努力，构建一个全员参与的数据安全环境，才能有效应对日益复杂的安全挑战，保障数据的安全与价值。未来，随着技术的不断进步和安全威胁的不断演变，数据安全的责任与义务原则将更加重要，成为构建安全、可靠、高效数据环境的基石。

1.4　案例：Equifax 数据泄露事件

2017 年，全球知名信用报告公司 Equifax 遭遇了一次大规模的数据泄露事件。由于公司内部的安全漏洞，黑客成功入侵了其数据库，导致约 1.47 亿美国客户的个人信息被泄露。这些信息包括姓名、社会安全号码、出生日期、地址和部分驾照号码。此外，还涉及约 20.9 万个信用卡号码和 18.2 万个个人识别号码。

这次数据泄露事件不仅给 Equifax 带来了巨大的经济损失，还引发了广泛的公众愤怒和信任危机。公司被迫支付高达 7 亿美元的高额罚款和法律费用，并投入大量资源来弥补客户的损失和恢复公司的声誉。

该数据泄露事件发生后，Equifax 公司采取了一系列应急响应措施以应对危机，以减少损失并恢复客户信任，主要包括以下措施。

（1）立即通知受影响的用户。Equifax 公司向受影响的用户发送了通知，告知他们个人信息可能被泄露，并提供了如何保护自己的详细信息。Equifax 公司在其官网上发布了相关信息，并通过媒体公布了数据泄露的范围和潜在影响。

（2）提供免费信用监控服务。Equifax 公司为受影响的用户提供了一年的免费信用监控和身份盗窃保护服务，以帮助他们监控信用报告中的异常活动。对于受影响的用户，可以免费冻结和解冻他们的信用报告，以防止身份被盗窃。

（3）加强内部和外部的安全措施。Equifax 公司聘请了外部网络安全公司对其系统进行全面的安全评估，识别并修复安全漏洞。公司进行了系统和软件的升级，实施更强的安全措施和加密技术，以防止未来可能发生的攻击。

（4）内部管理和人事调整。数据泄露事件发生后，Equifax 公司进行了高层管理人员的调整，包括首席信息官和首席安全官在内的多位高管离职。公司还强化了员工的安全意识培训，提升整体的网络安全文化素养和数据保护意识。

　　这起事件充分暴露了数据安全的重要性以及员工对数据安全概念认识不足的严重性。公司需要不断改进和强化其数据安全措施，以防范潜在的安全威胁，保护客户和公司的利益。通过上述措施，公司不仅可以减少数据泄露的风险，还可以在事件发生时迅速有效地应对，最大限度地降低损失并恢复客户信任。通过这起事件，Equifax 公司深刻认识到数据安全的重要性，并采取了有力措施加以改进。这对其他企业也具有一定的借鉴意义，提醒广大企业要高度重视数据安全，加强员工培训和制度建设，确保数据的安全可控。

　　　　资料来源：KENNY C. The equifax data breach and the resulting legal recourse [J]. Brooklyn Journal of Corporate, Financial & Commercial Law, 2018, 13(1): 215-238.

第 2 章

国内外数据安全形势分析

本章对国内外数据安全形势进行了全面分析。首先，审视国际数据安全现状，包括近年来一系列数据安全事件及其对社会、经济的广泛影响，特别关注了跨国数据流动所带来的风险与挑战。然后，回顾了国内数据安全事件，概述我国数据安全政策的当前状态及其发展趋势，表明国家对于数据安全监管的日益重视。最后，探讨跨国数据流动在全球化进程中的必要性及伴随的风险，并强调了国际合作在数据跨境流动监管中的关键作用，以共同应对数据安全挑战。

2.1 国外数据安全现状与挑战

2.1.1 国外数据安全典型事件概览

随着数字化和网络化的迅猛发展，数据已成为现代社会的"新石油"，其价值无可估量。然而，数据安全问题也日益凸显，各类数据泄露事件频发，对全球数据安全格局造成了深远影响。从微软交换服务器漏洞攻击到 Capital One 公司数据泄露，再到 Facebook 公司数据丑闻，以及 Ring 公司摄像头数据泄露事件，这些重大事件不仅暴露了数据安全的脆弱性，也引发了人们对数据保护、隐私权及企业责任的广泛讨论。

1. 微软交换服务器漏洞攻击：全球信息技术基础设施的警钟

2021 年，黑客利用 Microsoft Exchange Server 中的四个零日漏洞（CVE-2021-26855、CVE-2021-26857、CVE-2021-26858、CVE-2021-27065），入侵了全球数万台服务器，获取了包括电子邮件在内的个人信息，以及商业信息、政府文件等敏感数据。此次事件波及范围之广，影响之深，不仅导致数千家企业和组织的数据泄露和系统被破坏，更引发了全球范围内对信息技术基础设施安全性的深刻反思。不少企业开始加强安全审查与防护，定期进行信息技术基础设施的安全审查，及时发现并修补安全漏洞，强化防火墙、入侵监测系统等防护措施，并制订详细的数据泄露应急响应计划，包括数据备份与恢复策略，确保在紧急情况下能够迅速行动，减少损失。

2. Capital One 公司数据泄露事件：云安全的"双刃剑"

2019 年 7 月，Capital One 公司宣布遭遇大规模数据泄露事件，一名前亚马逊员工利用服务器配置漏洞，非法访问了存储在云端的用户数据。此次事件导致约 1 亿美国用户和 600 万加拿大用户的个人信息泄露，包括姓名、地址、电话号码、信用评分等敏感信息，给 Capital One 公司带来了巨大的法律风险和声誉损失。部分企业开始强化云安全策略，审慎选择云服务提供商，确保其具备严格的安全性和合规性，同时，加强自身的云安全管理，如定期进行安全审计，实施数据加密和访问控制。

3. Facebook 公司数据丑闻：数据伦理的拷问

剑桥分析公司利用 Facebook 平台获取了约 8700 万用户的个人数据，未经用户同意，创建详细的个人档案，用于广告和选民行为分析，引发了全球对隐私保护和数据伦理的广泛关注。Facebook 公司因此支付了 50 亿美元的巨额罚款，并接受了严格的数据保护监管。这一事件将强化数据伦理提升到一定的社会关注度，企业应将数据伦理纳入自身文化，尊重用户隐私，透明化数据使用目的，确保用户数据的合法、正当使用，同时密切关注全球数据保护法规的变化，确保企业活动符合法律法规要求，避免法律风险。

4. Ring 公司摄像头数据泄露事件：智能家居安全的警示

Ring 公司的联网摄像头和门铃因其便捷的家庭安全功能而广受欢迎，但频繁的数据泄露事件暴露了智能家居设备的安全漏洞。黑客通过凭证填充攻击，成功登录用户账户，控制摄像头，查看实时视频，甚至与家庭成员交谈，严重侵犯了用户隐私。这是一起硬件设备制造商的数据泄露事件。厂商应加强设备出厂时的安全设置，如默认启用加密和强密码策略，定期发布安全更新，修复已知漏洞。行业应建立统一的安全标准和最佳实践，监管部门需加强对智能家居设备的审查，确保其符合安全和隐私保护要求。

近年来全球发生的多起重大数据泄露事件，揭示了全球数据安全面临的严峻挑战。企业需要从合作伙伴、员工数据安全意识和技术防护等多方面入手，全面提升数据安全防护水平。具体措施包括：确保第三方供应商遵守严格的安全标准，定期进行安全审计，建立互信的安全合作机制；通过定期培训和演练，加深员工对数据安全的认识，掌握基本的防范技能，如密码管理、安全上网等；采用先进的技术手段，如数据加密、多因素认证、入侵检测系统等，构建多层次的安全防护体系，减少数据泄露风险；遵守相关法律法规，紧跟全球数据保护法规的变化。

通过这些综合措施，企业可以有效保护客户和自身的核心数据资产，及时应对安全威胁和法律法规的变化，构建更加安全、可靠的数据环境，为数字化转型提供坚实的安全保障。未来，随着技术的不断进步和数据安全威胁的不断演变，企业必须保持对新兴安全威胁的警惕，持续优化防护体系，加强与监管机构、行业伙伴和用户的沟通与合作，共同构建一个更加安全、健康、可持续发展的数据生态。

2.1.2 国外数据安全的挑战与应对

1. 国外数据安全的挑战

在全球数字化转型的浪潮中，数据已成为企业乃至国家的核心资产，数据安全的重要性不言而喻。然而，随着网络空间的日益复杂，数据安全面临的挑战也日益严峻，主要表现在网络攻击、内部威胁、供应链风险、云计算与物联网安全、数据合规与隐私保护等方面。

（1）网络攻击：多样化与高级化。

网络攻击手段呈现出多样化与高级化特征，攻击者利用零日漏洞、社会工程攻击、分布式拒绝服务（Distributed Denial of Service，DDoS）攻击等手段，攻击持续时间长、隐蔽性强、破坏性大，对企业的数据安全构成严重威胁。

（2）内部威胁：意识与管理。

内部威胁同样不容小觑，包括内部人员恶意利用权限进行数据窃取、破坏或泄露，以及员工无意泄露导致的数据泄露问题。内部人员往往具有较高的访问权限，一旦行为不当，可能导致敏感数据的泄露。据统计，近三分之一的数据泄露事件涉及内部人员，这凸显了加强内部安全意识和管理的重要性。

（3）供应链风险：扩展的攻击面。

供应链风险是另一个重要挑战，供应链攻击和第三方风险增加了企业数据泄露的可能性。随着全球供应链的复杂化，企业往往依赖于众多供应商和合作伙伴，一旦供应链中的某个环节存在安全漏洞，可能成为攻击者渗透企业网络的入口。

（4）云计算与物联网安全：新技术的"双刃剑"。

云计算和物联网的普及带来了新的安全风险。一方面，云服务的广泛使用导致数据存储和传输的安全问题，如配置错误、访问控制不当等，一旦云服务商遭受攻击，可能波及大量客户的数据安全。另一方面，物联网设备由于安全性较差，容易成为攻击目标，影响整个网络的安全性。据统计，物联网设备已成为分布式拒绝服务攻击的主要发起点之一。

（5）数据合规与隐私保护：法律的红线。

数据合规与隐私保护方面，各国法律法规对数据隐私提出了严格要求，如欧盟的《通用数据保护条例》（GDPR）、美国的《加州消费者隐私保护法案》（California Consumer Protection Act，CCPA）等，企业需要确保数据处理符合法律规定，特别是在跨境数据传输中遵守各国法律要求。违反数据保护法规将面临高额罚款和声誉损失，如 Facebook 公司数据丑闻，导致 Facebook 公司面临巨额罚款和公众信任危机。

2. 国外数据安全的应对

企业应采取积极的应对措施，构建全面的数据安全防护体系，主要有以下几个方面。

（1）技术方面。

企业应采用先进的安全技术，如人工智能、大数据分析和区块链等，以提升数据安全防护能力。人工智能可用于自动检测异常行为，预测潜在威胁；大数据分析帮助分析海量日志，发现隐藏的攻击模式；区块链提供数据的不可篡改性和透明性，增强数据的完整性和可信度。同时，实施持续监控、威胁警报和快速响应机制，确保能够及时发现和应对安全事件。

（2）人力资源方面。

企业应加强员工的安全意识培训，提升全员的安全意识和技能，包括密码管理、钓鱼邮件识别、数据分类与保护等，减少因人为错误导致的安全事件。同时，加大对网络安全专业人才的招聘和培养力度，建立专业的安全团队，负责安全策略的制定与实施、威胁情报分析、应急响应等工作，为企业数据安全提供坚实的人才保障。

（3）管理与政策方面。

企业需制订全面的数据安全策略和应急响应计划，确保安全措施的有效落实。策略应涵盖数据分类、访问控制、加密策略、备份与恢复、员工培训等内容，明确各级人员的责任与义务。同时，建立合规管理体系，确保数据处理符合相关法律法规要求，定期进行合规性审计，及时调整安全策略以适应法律环境的变化。

（4）经济支持方面。

企业应合理分配数据安全预算，确保技术和管理措施得到有效实施。数据安全投资不应仅局限于技术设备，还应涵盖人员培训、应急响应、合规咨询等多方面。同时，考虑购买网络安全保险，以减少数据泄露和攻击带来的经济损失，提供额外的财务安全保障。

在全球数据安全面临多重风险与挑战的背景下，企业需要从技术、人力、管理和经济等多方面入手，加强数据安全防护，确保数据的机密性、完整性和可用性，保护企业和客户的核心利益。通过采取全面的应对措施，企业不仅可以有效防范数据安全威胁，还能在安全事件发生时迅速应对，最大限度地降低损失并恢复客户信任。

2.2 国内数据安全现状与挑战

2.2.1 国内数据安全典型事件概览

数据作为一种资产，在数据交易和流转的过程中，安全性问题逐渐凸显，成为制约数据资产有效利用的关键因素。近年来，国内数据安全事件频频发生，涉及多个领域和行业。以下是一些典型的数据安全事件回顾。

1. 京东平台试用期员工数据泄露事件

2017 年 3 月，腾讯与京东平台的安全团队协助公安部破获了一起特大窃取贩卖公民个人信息案，其主要犯罪嫌疑人乃京东平台内部员工。该员工 2016 年 6 月底才入职，尚处于试用期，即盗取涉及交通、物流、医疗、社交、银行等个人信息 50 亿条，通过各种方式在网络黑市贩卖。

为防止数据盗窃，企业每年花费巨额资金保护信息系统不受黑客攻击，然而因内部人员盗窃数据而导致损失的风险也不容小觑。地下数据交易的暴利以及企业内部管理的失序诱使企业内部人员铤而走险、监守自盗，盗取贩卖用户数据的案例屡见不鲜。管理咨询公司埃森哲等研究机构 2016 年发布的一项调查研究结果显示，其调查的 208 家企业中，69%的企业曾在过去一年内遭公司内部人员窃取数据或试图盗取。未采取有效的数据访问权限管理，身份认证管理、数据利用控制等措施是大多数企业内部人员能够实施数据盗窃的主要原因。

2. 滴滴数据过度收集事件

2022 年，经国家互联网信息办公室查实，滴滴全球股份有限公司违反《中华人民共和国网络安全法》《中华人民共和国数据安全法》《中华人民共和国个人信息保护法》，对滴滴全球股份有限公司处人民币 80.26 亿元罚款，对主要负责人员进行罚款。其主要涉及 8 个方面 16 项违法事实，包括违法收集用户手机相册中的截图信息 1196.39 万条；过度收集用户剪切板信息、应用列表信息 83.23 亿条；过度收集乘客人脸识别信息 1.07 亿条、年龄段信息 5350.92 万条、职业信息 1633.56 万条、亲情关系信息 138.29 万条、"家"和"公司"打车地址信息 1.53 亿条；过度收集乘客评价代驾服务时、App 后台运行时、手机连接记录仪设备时的精准位置（经纬度）信息 1.67 亿条；过度收集司机学历信息 14.29 万条，以明文形式存储司机身份证号信息 5780.26 万条；在未明确告知乘客情况下分析乘客出行意图信息 539.76 亿条、常驻城市信息 15.38 亿条、异地商务/异地旅游信息 3.04 亿条；在乘客使用顺风车服务时频繁索取无关的"电话权限"；未准确、清晰说明用户设备信息等 19 项个人信息处理目的。

这些事件暴露出国内在数据安全保护方面存在的问题，如数据的泄露、滥用等，而数据安全不仅关系到企业的声誉和用户的信任，还直接影响用户的隐私和安全。为了应对这些问题，我国政府和企业开始加强数据安全管理和技术防护。同时，政府和监管部门也应加强对数据安全的监管和法律法规的完善，为数据安全提供坚实的保障。

2.2.2　国内数据安全的挑战与应对

1. 国内数据安全的挑战

在全球数字化浪潮中，数据安全已成为国家、企业乃至个人面临的重大挑战。我国作为世界第二大经济体，其数据安全问题尤为突出，涉及数据泄露风险、数据滥用风险、数据分析方法和工具存在的风险、法律法规与配套政策不足、场景优化和数据共享交换的风险等方面。

（1）数据泄露风险。

数据泄露，如同数字时代的"阿喀琉斯之踵"，一旦被触及，将对业务数据和用户数据造成重大损失。IBM 发布的《2023 年度数据泄露成本报告》显示，2023 年数据泄露的平均总成本达到 445 万美元，创历史新高。

这一数字不仅反映了数据泄露事件的直接经济损失，更凸显了其对品牌声誉、客户信任乃至企业生存能力的长远影响。

（2）数据滥用风险。

在大数据和人工智能技术的推动下，数据的价值日益凸显，但也伴随着数据滥用的风险。数据收集者可能未经授权便使用所收集的数据，侵犯用户隐私。不法分子利用收集到的用户数据进行非法活动，如欺诈、广告骚扰等，严重侵害了用户的合法权益。企业出于商业利益，有时也会滥用用户数据，损害用户隐私，这种行为不仅违法，也严重侵蚀了用户对企业的信任。

（3）数据分析方法和工具存在的风险。

传统数据分析方法和工具在数据安全方面存在多种潜在风险。数据传输、存储和处理过程中的加密和访问控制不足，可能导致数据泄露。未加密的敏感数据在传输过程中容易被拦截，存储在不安全环境中的数据也易被非法访问。传统工具的细粒度访问控制缺失，使得不同层级的用户可能获得超出其权限的数据访问能力，增加了内部数据泄露或滥用的风险。此外，缺乏完善的操作日志记录机制，导致数据泄露事件发生后难以快速定位，也难以查明泄露源头和责任人。传统方法产生的大量数据冗余和备份文件，若未妥善管理和保护，也可能成为数据泄露的隐患。许多传统数据分析工具存在已知的安全漏洞，如未及时更新和修补，这些漏洞可能被恶意攻击者利用，导致数据泄露或篡改。

（4）法律法规与配套政策不足。

我国虽已出台一系列关于数据安全和隐私保护的法律法规，但在实际操作中仍存在不足。法律条款的模糊表述增加了执行难度，配套政策制定的滞后难以满足数据安全和隐私保护的实际需求。政府机构、社会及商业组织的信息公开、数据开放的相关法规，以及数据跨境流通的限制等方面，都需要进一步完善，以构建更加严密的数字安全网。

（5）场景优化和数据共享交换的风险。

在数据共享交换过程中，由于数据来源多样、权属不同，且涉及多个主体，容易导致数据安全管理责任不清晰，加大数据流向和使用追踪难度。

数据共享交换可能导致数据泄露、数据篡改等安全问题，场景化应用也可能因安全因素考虑不周全或业务逻辑缺陷等导致自身安全风险。在多方协作的数据环境中，确保数据安全成为一项复杂而艰巨的任务。

2. 国内数据安全的应对

面对数据安全的挑战，构建数字时代的安全防线迫在眉睫。以下几点对策建议，旨在为提升数据安全防护能力提供指导。

（1）采用先进的加密技术，确保数据在传输和存储过程中的安全性。

（2）实施严格的访问控制策略，限制数据访问权限，减少数据泄露的风险。

（3）建立健全数据资产管理与分类分级体系，明确数据权属和使用范围。

（4）加强操作日志记录与审计，确保数据操作行为可追溯，快速定位数据泄露源头。

（5）淘汰存在安全隐患的传统工具，采用更加安全、高效的现代数据分析平台。

（6）定期进行安全漏洞扫描与修补，提高数据处理的安全性和稳定性。

（7）加强法律法规与政策建设，细化数据安全与隐私保护的法律法规，明确数据管理责任与义务。

（8）加快配套政策的制定与实施，为数据安全提供坚实的法律保障。

（9）建立多方参与的数据共享与交换平台，明确数据安全管理责任，确保数据流转过程中的安全可控。

（10）加强场景化应用的安全设计与评估，预防潜在的安全风险。

通过上述对策的实施，我国可以在数字时代构建更加安全的数据环境，保护国家、企业和个人的数据安全，促进数字经济的健康发展。未来，随着技术的不断进步和安全威胁的演变，数据安全防护体系的建设和完善将是一项长期而艰巨的任务，需要政府、企业和社会各界的共同努力，共同守护数字时代的安全防线。

2.3　跨境数据流动的安全问题

2.3.1　跨境数据流动的必要性与风险

1. 跨境数据流动的必要性

在全球化加速推进的今天，跨境数据流动已成为推动世界经济一体化、促进全球贸易和技术交流的关键驱动力。数据跨境传输不仅为企业提供了宝贵的市场洞见，帮助企业深入理解全球消费者的需求、市场动态和竞争格局，还为供应链管理带来了前所未有的效率与透明度。通过实时监测供应链各环节，企业能够迅速识别潜在的瓶颈和风险，采取及时的优化措施，确保原材料、半成品和成品在全球范围内的高效流通，这对于保障全球供应链的稳定性和韧性至关重要。

跨境数据流动的积极作用远不止于此。它为全球的技术创新和知识共享提供了广阔的舞台。科研人员、工程师和企业家们，不再受限于地理边界，能够轻松获取和分享前沿的技术信息和研究成果，加速了新技术的孵化和应用，推动了全球科技进步的车轮滚滚向前。更重要的是，跨境数据流动促进了全球经济的一体化，加深了各国间的经济依存关系，形成了一个互利共赢、共同繁荣的世界经济体系，为全球经济的持续增长注入了强大的动力。

在教育和医疗等公共服务领域，跨境数据流动同样发挥着不可替代的作用。它打破了知识和信息的地域壁垒，使得优质的教育资源和医疗服务能够跨越国界，惠及更广泛的民众，促进了全球范围内的知识普及和健康福祉的提升，为构建更加公平、包容的社会做出了重要贡献。

2. 跨境数据流动的风险

跨境数据流动的光明前景背后，也潜藏着不容忽视的安全风险。数据跨境传输过程中，由于涉及复杂的网络路径和多样的存储环境，一旦安全防护措施不足，极易成为黑客和网络犯罪分子的目标，导致敏感信息的泄露。此外，各国在数据保护法律法规和标准上的差异，进一步增加了数据跨境流动的复杂性，企业必须在满足不同国家的法律法规要求的同时，确保数据的合法与安全传输。

知识产权保护问题在跨境数据流动中同样凸显。商业机密、专利技术等核心资产的非法获取或泄露，不仅会给企业带来巨大的经济损失，还可能削弱其在全球市场的竞争力。加之各国知识产权法律制度的差异，使得企业在跨境数据流动中面临着更为复杂的法律环境，增加了知识产权保护的难度。

更令人担忧的是，跨境数据流动可能对国家主权和国家安全构成潜在威胁。一些国家或组织可能利用数据跨境流动的漏洞，进行间谍活动或发动网络攻击，窃取他国的敏感信息，干扰他国的政治、经济和社会秩序，对全球和平与稳定造成负面影响。

鉴于跨境数据流动带来的复杂挑战，各国政府应当加强国际合作，共同制定和完善数据跨境流动的国际规则和标准，确保数据的安全性和隐私性。同时，政府应加大对数据安全技术研发的支持力度，鼓励企业采用先进的加密技术和安全协议，提高数据传输的安全等级。此外，政府还应建立健全数据保护法律体系，明确数据跨境流动的法律框架和监管机制，为企业提供清晰的合规指引，同时加大对违法行为的惩处力度，形成有力的法律威慑。

2.3.2 国际合作与跨境数据流动的监管

在全球化的背景下，数据已成为推动国际贸易、技术交流和全球业务运营的关键要素。跨境数据流动不仅促进了全球经济的深度融合，加强了各国之间的经济联系，形成了相互依存、共同发展的格局，还推动了社会公平和进步，为全球范围内的知识共享和协作提供了有力支持。然而，随之而来的是数据安全和隐私保护的严峻挑战。面对跨境数据流动的安全问题，国际合作显得尤为重要，政府、企业和个人等各方面共同努力构建一个安全、可信的全球数据生态，成为当前亟须解决的重要课题。

各国政府需要共同制定和完善数据跨境流动的国际规则和标准，确保数据的安全性和隐私性得到有效保障。这包括推动建立统一的数据保护法律框架，协调各国在数据跨境传输、数据本地化存储、数据处理和使用等方面的法律法规，减少跨境企业面临的合规负担，促进数据的自由流动和合法使用。

通过建立互信机制和数据保护认证体系，促进不同国家和地区之间数据流动的信任基础。例如，欧盟的"隐私盾"（Privacy Shield）机制，旨在确保欧盟的数据在传输到其他国家时，能够达到同等的隐私保护水平。这类机制的建立，有助于消除跨境数据流动中的障碍，促进数据的合法、安全流动。

建立跨境数据治理机制，促进信息共享和监管合作，提升数据流动的透明度和用户信任度。各国应加强数据保护机构之间的沟通与协作，建立联合执法机制，共同打击跨境数据犯罪，如数据泄露、网络攻击等，形成全球数据安全防护网络。

企业应建立严格的数据管理和保护机制，包括数据分类、访问控制、加密存储、数据生命周期管理等，确保数据在收集、传输、存储和处理过程中的安全。考虑数据本地化策略，即在某些司法管辖区存储和处理数据，以遵守当地的数据保护法规。投资于先进的数据安全技术和员工培训，提高员工的数据安全意识和技能，减少内部数据泄露的风险。

企业应制定严格的数据保护政策和流程，确保数据处理活动符合国际和当地的数据保护法律法规。加强供应链管理，确保合作伙伴和第三方服务机构提供商遵守相同的数据安全标准，共同维护数据的安全性和隐私性。在与第三方或海外实体共享数据时，确保合同中包含强有力的数据保护条款，遵守适用的国际数据保护法规，如欧盟的《通用数据保护条例》（GDPR）等。

个人作为数据的主体，应提高数据保护意识，了解个人数据的价值和风险，采取必要的数据保护措施，如使用强密码、定期更新软件、不随意泄露个人信息等，了解不同国家和地区个人数据保护法规赋予的权利，如数据访问权、纠正权、删除权等，以便在必要时行使这些权利，保护个人数据免受非法访问和滥用。同时，个人应积极参与数据保护的社会监督，对数据泄露、隐私侵犯等行为进行举报，共同维护数据安全的公共利益。

面对跨境数据流动的安全问题，国际合作显得尤为重要。各国政府需要共同制定和完善数据跨境流动的国际规则和标准，以确保数据的安全性和隐私性得到有效保障。同时，加强国际合作还可以促进各国在数据安全领域的经验分享和技术交流，共同应对跨境数据流动带来的挑战。

总之，跨境数据流动的安全问题是一个复杂的系统工程，需要政府、企业和个人等各方面的共同努力。通过加强国际合作与监管、建立完善的数据安全管理制度和技术防护措施，以及提升个人数据保护意识，可以有效应对跨境数据流动带来的安全风险和挑战，促进全球经济的繁荣和稳定，保障个人隐私和国家安全，共同构建一个安全、可信、可持续发展的全球数据生态。在未来，随着数据技术的不断进步和全球数据治理规则的逐步完善，跨境数据流动的安全问题将得到更好的解决，数据将成为推动全球经济增长和社会进步的强大动力。

2.4　案例：雅虎公司数据泄露事件引发的数据安全反思

2013 年，雅虎公司的用户数据被黑客窃取，但直到 2016 年 12 月 14 日，雅虎公司才正式宣布这一消息，确认有超过 10 亿个用户账号信息被泄露，并且在 2014 年，雅虎公司再次因为类似的攻击泄露了 5 亿个账号资料。直到 2017 年 10 月 3 日，雅虎母公司美国电信巨头威瑞森通信公司才表示，实际所有 30 亿个雅虎用户的个人信息均被泄露，这一数字是之前公布数据的三倍。

在被泄露的数据中，包含了用户的姓名、电话号码、电子邮箱、密码及安全问答等内容。其中需要特别注意的是，密码和安全问答的泄露会使用户的账户在其他网站或服务上也面临风险，因为许多用户会在不同的网站上设置相同的密码和安全问答。

对于雅虎公司来说，数据泄露事件带来的影响有股价下跌、用户信任受损、法律诉讼与赔偿等。该事件导致雅虎公司的股价跌幅超过 6%，并且用户对雅虎公司的信任也受到了严重打击，许多人开始重新考虑是否要继续使用雅虎公司的服务。此外，雅虎公司面临包括个人用户与政府的多起法律诉讼，雅虎公司也因此同意支付 1.175 亿美元的赔偿金，以解决大规模数据泄露的集体诉讼，并向 2 亿人提供为期两年的免费信用监控服务。

雅虎公司数据泄露事件显示了数据泄露的严重性与用户隐私保护的重要性，企业应充分认识到数据泄露的严重性，并采取加强数据加密、访问控制等必要的措施来保护用户数据，还应严格遵守隐私保护法律法规，加强用户隐私保护意识，确保用户数据不被滥用或泄露。此外，还应建立客观深入的数据安全风险评估制度、高效权威的数据安全风险报告制度、集中统一的数据安全信息共享制度及系统规范的数据安全风险监测预警制度等。通过这些措施，企业可以及时发现、缓解和消除数据安全风险。

雅虎公司数据泄露事件仅仅是全球数据安全问题的一个缩影。随着数字化进程的加速，数据已经成为国家、企业乃至个人的重要资产。然而，与此同时，数据泄露、网络攻击等安全事件也频频发生，给全球数据安全带来了极大的挑战。这些事件不仅导致用户隐私泄露、财产损失，还可能对国家安全、社会稳定造成严重影响。对于我国而言，需要进一步加强数据保护的法律法规建设，提高数据安全的技术水平，增强用户和企业的数据安全意识，完善数据安全的监管机制。同时，也需要加强与国际社会的合作与交流，共同应对数据安全挑战。

资料来源：30 亿用户信息被"看光光"？雅虎被黑客攻惨[EB/OL].
[2024-06-01]. https://news.rednet.cn/c/2017/10/05/4441543.htm.

第 3 章

数据资产的生命周期
安全管理

本章详述了数据在生成与收集阶段应遵守的合法合规原则及隐私政策的设计。在数据资产的生命周期中，从数据的收集与标签、存储与加工，再到传输与共享，以及使用与销毁，每一个环节都涉及安全管理的问题。本章将详细探讨数据生命周期中的安全管理措施，首先介绍了数据存储与加工阶段的安全管理措施，包括物理安全、逻辑安全以及数据加密的应用。然后，讲解了数据传输与共享阶段的安全协议选择、风险点及防范措施。最后，阐述了数据使用与销毁阶段的管理，以及数据销毁的标准流程。

3.1　数据收集与标签阶段的安全管理

数据收集与标签阶段是数据生命周期的起点，也是确保整个数据链安全的关键环节。在这一阶段，需要细致入微地管理数据的来源、收集方式，并确保所有操作都符合法律法规的要求，同时最大化地保护个人隐私和数据安全。

3.1.1　多模态数据收集与合法合规原则

在数据驱动的时代，多模态数据对于深度理解和洞察用户行为非常重要。同时，数据收集必须遵循合法合规的原则，以确保用户隐私得到充分保护。

1. 多模态数据收集

多模态数据收集是指同时收集来自不同来源、不同形式的数据，如文本、图像、音频、视频等。这种全面的数据收集方式有助于更深入地理解用户的行为和需求，从而提供更精准的服务和解决方案。采用先进的数据采集技术能够确保多模态数据的准确性和完整性。无论是用户在线上的浏览记录、搜索行为，还是线下的交易数据、社交互动，都能够实时捕捉并整合，为用户提供个性化的服务。

2.　合法合规原则

多模态数据收集为用户提供更广阔的数据视野和更深入的洞察能力，但需要重视合法合规的重要性，严格遵守国家及地方的相关法律法规，确保数据收集的合法性。同时也要积极响应国际数据保护标准，为用户提供更加安全、可靠的数据服务。

数据收集时也要重视用户隐私的重要性。在数据收集前明确告知用户数据的收集范围、使用目的和存储方式，尊重用户的知情权和选择权，确保用户在充分了解的基础上做出决策，建立完善的数据保护机制，防止数据泄露和滥用。同时，要不断优化数据采集技术和服务模式，为用户提供更加优质、高效的数据服务。

3.1.2　创建统一数据标签

为了充分利用数据资源，确保数据的有效性和安全性，数据收集与标签体系的建立显得尤为重要。特别是在多源、异构数据的处理中，创建全国统一、合法合规的标签体系，不仅有助于提升数据处理效率，还能确保数据的合规使用和隐私保护。

1.　统一标签体系的重要性

统一标签体系是指在全国范围内，由合法合规的权威机构统一制定并发布的数据标签规范。这一体系的重要性主要体现在以下几个方面。

（1）提升数据质量。通过统一标签体系，可以确保不同来源、不同格式的数据在描述和分类上保持一致，减少数据歧义和误解，提高数据质量。

（2）促进数据共享。统一的标签体系有助于不同组织、不同部门之间的数据共享和交换，打破信息孤岛，促进数据的充分利用。

（3）加强合规监管。统一标签体系遵循法律法规和政策要求，有助于确保数据的合规使用和隐私保护，降低法律风险。

2.　权威机构制定标签

为了保证标签的统一性和规范性，禁止个人私自建立标签是非常必要的。个人建立的标签可能存在主观性和随意性，导致数据描述和分类的不一致，影响数据的有效性和安全性。因此，应明确规定只有权威机构才能制定和发布标签，个人和组织在使用数据时，必须遵循统一的标签体系。

为了确保标签的合法合规和权威性，应由国家相关部门或行业组织等权威机构负责标签的制定和发布。这些机构应具备丰富的行业经验和专业知识，能够制定出符合行业标准和法律要求的标签体系。同时，权威机构还应定期更新和优化标签体系，以适应不断变化的行业需求和法律法规。

3.2 数据存储与加工阶段的安全管理

3.2.1 存储介质的物理安全与逻辑安全

在保障数据存储安全方面，需要同时考虑数据的物理安全与逻辑安全，如图 3.1 所示。这些综合措施共同构成了数据存储安全的坚实防线。

物理安全

1. 将设备置于专用数据中心或机房内，并配备专业保护措施
2. 增强机房的访问控制，并对关键设备使用锁定机制防止经授权的访问
3. 采取专业措施来减少物理损坏的风险

逻辑安全

1. 实施访问控制策略，严格管理账户和密码
2. 利用数据备份与恢复技术确保数据完整性
3. 及时应用系统安全更新和补丁，并利用入侵检测和防御系统监控潜在的安全威胁

图 3.1 数据的物理安全与逻辑安全

1. 物理安全

为了确保物理安全，需要选择有良好信誉和质量保证的存储设备供应商，将设备放置在安全、干燥、通风的环境中，并定期对设备进行维护和检查，确保其正常运行，从而使设备具备稳定的性能和较长的使用寿命。此外，应对存储设备的物理访问进行严格控制，并进行身份验证和记录，以减少因设备故障导致的数据丢失风险。

2. 逻辑安全

为了确保逻辑安全，应建立完善的访问权限管理机制，确保只有授权人员才能访问存储设备中的数据，对于不同级别的数据设置不同的访问权限，以防止数据泄露。此外，定期对存储设备中的数据进行备份并制订数据恢复计划，以便在数据丢失或损坏时能够迅速恢复。

3.2.2　数据加密在存储过程中的应用

数据加密在存储过程中的应用分为 5 个部分，如图 3.2 所示。

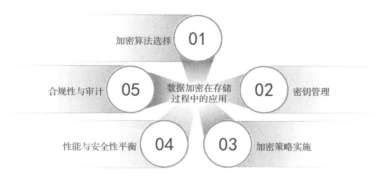

图 3.2　数据加密在存储过程中的应用

1. 加密算法选择

对于特别敏感的数据，可以考虑使用非对称加密算法进行加密，以提供更高的安全性。在选择加密算法时，应综合考虑其安全性、性能和兼容性等因素，选择最适合当前应用场景的算法。

2. 密钥管理

应使用安全的密钥分发机制，确保密钥在传输和存储过程中的安全。密钥的生成、分发、使用和销毁等过程应受到严格的监控和审计，以防止密钥的泄露和滥用。

3. 加密策略实施

对于需要共享的数据，可以使用安全的文件共享和协作平台，并结合加密技术来保护数据的机密性和完整性。应定期对加密策略进行审查和更新，以适应不断变化的安全需求和威胁环境。

4. 性能与安全性平衡

在选择加密解决方案时，应进行性能测试和优化，以确保加密操作不会对业务性能产生过大影响。可以考虑使用硬件加密卡或专用加密处理器来提高加密操作的性能。

5. 合规性与审计

应定期邀请第三方机构对加密系统和数据存储安全性进行审计和评估，以确保其符合相关法规和标准的要求。应建立完善的日志记录和监控机制，以便追踪和调查任何可能的安全事件或违规行为。

通过这些详细的加密措施和策略，可以进一步提高数据存储与加工阶段的安全性，确保组织的数据资产得到充分的保护。

3.3 数据传输与共享阶段的安全管理

3.3.1 安全传输协议的选择与实施

在信息化快速发展的今天，数据的安全传输对于保护组织的信息资产具有至关重要的作用。为了确保数据的机密性、完整性和可用性，选择并正确实施安全传输协议变得尤为关键。对于安全传输协议的选择，安全套接层/传输层安全（Secure Sockets Layer/Transport Layer Security，SSL/TLS）协议、互联网络层安全协议（Internet Protocol Security，IPSec）和安全外壳（Secure Shell，SSH）协议等因其强大的加密通信能力和安全性而备受推崇。SSL/TLS 协议通过启用双向认证和禁用旧版本协议及密码套件来增强安全性；IPSec 则利用封装安全负载（Encapsulating Security Payload，ESP）协议提供数据加密和完整性保护，并配置安全的密钥交换协议。

在实施这些安全传输协议时，策略细化同样重要。证书与密钥管理需要确保使用可信任的证书颁发机构签发的证书，并定期更新和轮换密钥对，同时利用硬件安全模块提高密钥安全性。持续的安全监控通过入侵检测系统（Intrusion Detection System，IDS）和入侵防御系统（Intrusion Prevention System，IPS）实时监控网络流量，并利用日志分析工具对安全协议日志进行集中收集和分析，以及定期进行安全扫描和渗透测试来验证协议有效性。

此外，制订应急响应计划也是不可或缺的一环，包括详细的安全事件响应流程、备用的通信渠道和定期的应急响应演练，以确保在发生安全事件时能够迅速有效地应对。通过精心选择安全传输协议，并细化实施策略，可以大大提高数据传输的安全性，从而保护组织的信息资产免受潜在的安全威胁。

3.3.2 数据共享的风险点与防范措施

随着信息技术的迅猛发展，数据共享已成为企业间合作与沟通的重要手段。然而，数据共享的过程中也伴随着一系列潜在的风险，包括数据泄露、数据篡改和非法访问等。为了有效应对这些风险，对这些风险点进行详细分析，并提出相应的防范措施。

1. 数据泄露风险详细分析

共享链接或应用程序接口（Application Programming Interface，API）密钥的泄露可能导致未经授权的数据访问。在数据共享过程中，若共享链接或 API 密钥被未经授权的人员获取，他们将能够访问并获取敏感数据，进而造成数据泄露。内部员工在处理敏感数据时，可能会因疏忽、误操作或恶意行为导致数据泄露。例如，内部员工可能故意或无意地泄露敏感数据给外部实体。当企业与第三方合作伙伴进行数据共享时，若合作伙伴的安全防护措施不足，也可能导致数据被非法获取或泄露。

2. 数据篡改风险详细分析

中间人攻击（Man-in-the-Middle Attack，MITM）可能截获并篡改传输中的数据。在数据传输过程中，攻击者可能利用中间人攻击技术截获数据，并在不被察觉的情况下对数据进行篡改。接收方系统也可能存在安全漏洞，攻击者利用漏洞对数据进行篡改或破坏，使得数据在存储或处理过程中被篡改。

3. 非法访问风险详细分析

弱密码或默认密码可能导致账户被轻易破解。若用户使用的密码过于简单或采用默认密码，攻击者可能通过暴力破解等手段获取账户权限，进而非法访问敏感数据。攻击者可能利用社交工程手段获取合法用户的登录凭证。社交工程是一种利用人类心理和社会行为学的技术，攻击者可能通过伪装身份、诱骗等手段获取用户的登录凭证。跨站请求伪造（Cross-Site Request Forgery，CSRF）等 Web 漏洞也可能导致非法访问。若企业的 Web 应用存在 CSRF 等漏洞，攻击者可能利用这些漏洞伪造用户请求，进而实现非法访问。

4. 防范措施进一步细化

在数据分享的过程中，为了确保数据的安全性，需要采取一系列细化的防范措施。首先，为了防止数据泄露，可以使用安全的共享链接和 API 密钥管理机制，来确保只有经过授权的人员才能访问数据；同时，对敏感数据进行脱敏或匿名化处理后再进行共享，以降低泄露风险。其次，为了防止数据篡改，可以采用安全的通信协议，如超文本传输安全协议（Hypertext Transfer Protocol Secure，HTTPS）进行数据传输，确保数据的完整性和机密性；在接收数据时，要进行严格的校验和验证，确保数据在传输过程中未被篡改；同时，需要定期更新和修补接收方系统的安全漏洞，以防止数据在存储或处理过程中被篡改。最后，为了防范非法访问，需实施多因素认证来提高账户的安全性，防止攻击者通过非法手段获取账户权限；同时，定期对用户进行安全培训和意识教育，提高他们防范社交工程攻击的能力；此外，部署 Web 应用防火墙（Web Application Firewall，WAF）等安全设备，以防止跨站请求伪造等 Web 漏洞被利用。这些具体的安全管理措施将显著提升数据传输与共享阶段的安全性，有效降低数据泄露、篡改和非法访问的风险。

3.4　数据使用与销毁阶段的安全管理

3.4.1　数据使用的合法性与合规性监控

在数据使用的过程中，确保数据的合法性与合规性至关重要。数据来源的合法性验证是基础，需要核实数据供应商或数据源的合法性证明文件，如商业许可证、数据交易合同等，以确保所使用数据的来源合法且未侵犯任何第三方的知识产权。同时，使用目的合法性确认也是必要的，应在使用数据前明确具体的使用目的，并确保其符合法律法规的要求，避免将数据用于歧视、欺诈、侵犯隐私等非法活动。

在合规性监控方面，政策合规性检查是重要的一环。需要定期审查数据使用行为是否符合企业内部政策（如数据分类、存储期限等），并确保数据使用不违反国家数据保护法律、行业规定以及国际数据跨境传输的规则。为了加强监控，可以实施细粒度的日志记录，并建立自动化的审计系统，实时监测数据使用情况，并生成审计报告。此外，定期审查和风险评估也是必要的，通过设定内部数据使用审查计划和进行风险评估，可以及时识别潜在的数据滥用风险和合规性漏洞，并采取补救措施。

为了确保数据使用的合法性与合规性得到有效实施，需要采取一系列的措施。首先，培训与意识提升计划是关键，应针对不同层级的员工开展数据安全培训和合规性教育，提高员工对数据安全和合规性的认识。同时，定期组织模拟演练，增强员工在数据安全和合规性方面的应对能力。其次，技术手段的强化也是必不可少的，可以部署数据泄露防护系统，实时监测和阻止敏感数据的非法外泄，并使用数据加密技术对敏感数据进行保护，确保数据在传输和存储过程中的安全。最后，举报机制的完善也是重要的一环，应设立独立的举报渠道，鼓励员工积极报告数据使用的违规行为，并对举报人进行保护，确保举报人不会因举报行为而受到不公正的对待。通过这些措施的实施，可以有效地监控和管理数据使用的合法性与合规性，确保企业数据的安全和合规。

3.4.2　数据销毁的标准流程与验证方法

在数据管理中，数据销毁是一个不可或缺的环节，它要求严格遵循标准流程和验证方法，以确保数据的彻底销毁和合规性。需要制定详细的销毁计划，明确销毁的数据类型、存储位置、数量和时间表，并分配销毁任务给指定的责任人，确保他们了解销毁的要求和操作流程。在销毁前，必须对数据进行完整备份，并存储在安全可靠的介质上，同时采用哈希值比对等方式验证备份数据的完整性和真实性。

对于物理存储介质，需采用专业的销毁设备和方法进行物理破坏，如使用碎纸机或专业数据销毁服务，并在销毁过程中安排监督人员记录销毁的全过程。对于数据库或云端存储的数据，执行逻辑销毁操作，包括删除操作以及使用加密技术对数据进行覆盖或加密擦除，以增加数据恢复的难度。

销毁完成后，需要详细记录销毁的时间、地点、参与人员以及销毁的数据范围，并生成销毁报告，提交给相关部门进行备案和审查。为了验证销毁的有效性，应采取多种验证方法。首先，通过销毁前后的数据对比验证，即在销毁前获取数据的完整快照或哈希值，销毁后再次获取数据快照或哈希值，并与销毁前的记录进行对比，确保数据已被彻底销毁。其次，使用专业的数据恢复工具或服务尝试恢复已销毁的数据，若无法恢复任何有效数据，则说明销毁成功。最后，可以邀请独立的第三方审计机构对销毁过程进行全程监督和审计，确保销毁过程符合相关法规和标准要求，并出具审计报告作为证明。

通过这些细化的标准流程和验证方法，能够更加确保数据在使用和销毁过程中的合法性、合规性及安全性，降低数据泄露和滥用的风险。

3.5　案例：多模态数据安全智能管理平台介绍

在挖掘数据资源价值的同时，充分利用区块链、人工智能等新技术，将不同级别、不同类型的数据归集、授权、交互和应用评估功能融为一体，构建一个安全、高效且智能的数据安全管理服务平台非常重要。通过将不同类型的数据进行归集，确保数据收集的全面性和多样性；在数据处理方面，通过人工智能语言交互模型，使得不同数据源之间能够实现正确的归类和对接工作；通过严格的授权机制，确保数据共享的安全性和合规性，防止数据泄露和滥用；平台还提供应用评估功能，通过对数据的深入分析和挖掘，为政府决策、企业运营、科学研究等领域提供有力的数据支持，实现数据使用价值的最大化。这样的数据交互平台将成为一个综合性的数据服务中心，推动数据安全的整合、共享和应用，释放更多的数据价值红利。

多模态数据安全智能管理平台包含基础设施层、业务中台层、应用层。其中业务中台层主要包含六个子平台，分别是多模态数据归集子平台、外部数据引接子平台、多数据源融合子平台、数据智能交互子平台、数据智能分析子平台、权限控制子平台。业务中台层实现数据采集、数据清洗、数据标注、数据映射、数据交互、数据分析及展示，为应用层提供基础数据能力。基础设施层应用以区块链、人工智能等技术构建的新型基础设施，为业务中台层和应用层提供安全、智能数据能力支持，实现对多元异构跨系统数据的汇集和统一处理。

1.　多模态数据归集子平台

多模态数据归集子平台提供数据的全生命周期安全管理和服务，主要包括数据登记、数据归集、数据映射、数据清洗、数据目录、数据考核管理、模型训练与推理、数据库离散化等功能。

（1）数据登记，是将不同来源的多模态的数据登记到平台中。通过数据登记，平台能够将来自不同渠道、不同格式的多模态数据（如文本、图像、音频等）整合至同一个系统中，为后续的数据处理和分析提供基础。在这一过程中，要重视用户隐私，明确告知用户数据的收集范围、使用目的和存储方式，并建立完善的数据保护机制，防止数据泄露和滥用。

（2）数据归集，是将不同模态的数据转化成文字内容，为后续数据映射与数据清洗打下基础。通过数据归集，平台能够消除数据之间的格式差异和模态差异，为数据的进一步映射提供方便。

（3）数据映射，是对多模态的文字内容进行标注与标签化，为后续的数据交互和分析提供有力支持。

（4）数据清洗，是检测和修正数据集合中错误数据项以及对数据进行平滑处理等操作的数据预处理过程。

（5）数据目录，可以帮助用户快速掌握平台中的数据资源，便于数据的查找和使用。

（6）数据考核管理，可以对数据的质量进行监控和评估，确保数据的准确性和可靠性。

（7）模型训练与推理，能够利用平台中的数据进行机器学习模型的训练和推理，为数据安全分析提供智能化支持。

（8）数据库离散化，可以对数据库的内容进行训练，使得大模型具备"让数据说话"的能力。

2. 外部数据引接子平台

外部数据引接子平台全面覆盖互联网公开数据，应用图文识别、语音识别等技术实现多渠道公共信息源的智能化主动监测，通过信息挖掘、识别、特征抽取、聚类等手段，快速发现和整理数据安全舆情。

3. 多数据源数据融合子平台

多数据源数据融合是指将分散在不同来源、不同模态、不同系统中的数据集中收集并整合到一个统一的平台上进行处理和分析的过程。这个过程对于机构或组织来说至关重要，通过对标准不统一的数据资源进行比对、核查、纠错等数据治理工作，确保数据的标准化、一致性和可访问性，实现数据资源规范管理，辅助日常工作开展，提升数据归集服务质量。它包括以下三种形式。

（1）数据库归集。这是目前使用最多的数据归集方式，适用于数据源为数据库的场景。在数据归集平台进行编目，并按照数据中心要求的格式，由数据归集平台系统根据指定的条件来获取数据。

（2）结构化文件归集。这适用于数据源为文件的场景，是机构以结构化文件的形式将数据上传至数据归集平台，数据归集平台通过对文件进行解析形成数据交互的标准格式文件。

（3）非结构化文件归集。这适用于采集的数据中存在照片、多媒体数据等非结构化文件的场景。该归集需要数据库表中除了结构化文件要求的字段外，还需要额外对该类文件进行音视频切片、转文字，标签化处理，同时将文件存储在平台，以便于对数据进行标准化处理。

多数据源数据融合完成多模态数据的入库、登记、评估、访问。解决数据源多且散落在各处，缺少统一呈现的痛点，在整个数据归集过程中，平台严格确保数据的安全性和合规性，包括访问控制、加密、脱敏处理等措施，以保护敏感信息。

4. 数据智能交互子平台

数据智能交互子平台不仅支持多样化的交互方式，而且实现了深度智能化的用户体验。当前，平台已整合五种关键模态——数据库检索、音视频互动、文档解析、通用信息处理和普及性多媒体内容，构成了一个全面覆盖数据安全识别和监测的交互生态系统。

数据智能交互子平台的工作过程如下。

（1）当用户发出指令，平台即刻启动自然语言处理（Natural Language Processing，NLP）技术，将模糊的自然语言指令转化为精确的计算机可执行命令。这一过程依托专有场景大模型，深入剖析指令的语境，准确识别用户的意图。

（2）平台会迅速检索相关信息，或是直接生成精准的回答，再次运用NLP技术将这些复杂的数据转化为用户易于理解的语言。

（3）通过直观友好的用户界面，将答案以最适宜的形式呈现给用户，无论是简洁的文字回复，还是音视频反馈，都能确保每一次交互都如同面对面交流般自然流畅。

平台的设计理念是以人为本，旨在消除技术障碍，让用户在任何场景下都能享受到无缝连接的智能数据服务。

5. 数据智能分析子平台

数据智能分析子平台通过对数据进行智能分析，可以自动生成数据分析报告。数据分析报告是现代数据分析与决策支持的重要工具，能以图形化、直观化的方式展示数据，帮助用户快速理解数据背后的规律与趋势。在数据安全领域，数据分析报告的重要性愈发凸显，不仅能提升数据安全管理效率，还能深入挖掘数据安全风险点。通过数据分析报告，可以更加深入地分析数据之间的关联性和趋势，从而发现潜在的数据风险。

在可视化方面，数据智能分析子平台提供了丰富的图表类型和展示方式，如折线图、柱状图、饼图、地图等。这些图表能够直观地展示数据的分布、趋势和关联关系，帮助用户快速洞察数据的内在规律和潜在价值。此外，数据智能分析子平台还支持自定义图表样式和交互功能，提升用户体验和数据分析效率。

6. 权限控制子平台

基于角色的访问控制作为当前使用范围最广的一种权限设计模型，有三个基础组成部分，分别是用户、角色和权限。通过定义角色的权限，并对用户授予某个角色从而控制用户的权限，实现用户和权限的逻辑分离。不同角色对应不同权限，一个用户可充当多个角色。

综上所述，多模态数据安全智能管理平台通过高度自动化、智能化、分级分类分步骤的数据安全管理流程，显著增强了在数据登记、数据归集、数据映射、数据多模态聚合、数据智能交互、数据分析及数据应用权限控制过程中防止数据泄露、篡改与异常的能力，全方位提升了数据可靠性和可用性。

第 4 章

数据安全的关键技术手段

本章深入探讨了数据加密技术的原理，详细介绍了各种身份认证和访问控制的技术手段和方法，确保数据只能被授权用户访问。此外，还详细阐述了防护和检测数据泄露的各种技术手段，包括泄露途径的分析、潜在风险的评估及检测工具的使用，帮助识别和防止数据泄露。本章分析了云计算环境下的数据安全挑战，如数据的多租户存储和跨地域传输带来的风险，并提出了相应的防护措施，以确保云环境中的数据安全性和隐私保护。

4.1　数据加密技术

数据加密技术是数据安全防护的基石，它通过特定的算法将原始数据转换为难以解读的加密形式，防止未经授权的访问。本节将深入探讨两种主要的加密方法：对称加密与非对称加密，并分析它们在数据存储与传输中的具体应用。结合这两种加密方法，可以在实际应用中提高数据的安全性和传输效率。

4.1.1　对称加密与非对称加密原理

在数据加密领域，对称加密与非对称加密是两种常用的加密方法，它们各有各的原理和安全性考虑。

1.　对称加密

对称加密是指加密和解密过程使用同一把密钥的加密方式，它使用单个密钥来进行加密和解密操作，常用于快速处理大量数据。这个密钥必须保密，并且只能由通信双方知道。加密过程中，明文（原始数据）通过特定的算法和密钥被转换成难以解读的密文。同样地，解密过程也使用相同的算法和密钥，将密文还原为明文。对称加密的安全性高度依赖密钥的保密性，因为一旦密钥泄露，任何掌握该密钥的人都可以解密数据。

2. 非对称加密

与对称加密不同，非对称加密则采用一对密钥，即公钥和私钥。公钥是公开的，而私钥则由接收者严格保密。在加密过程中，发送者使用接收者的公钥对数据进行加密，生成密文。只有持有相应私钥的接收者才能解密这些数据。非对称加密的安全性基于复杂的数学难题，如大数因数分解或离散对数问题，这使得它几乎无法被破解。通过非对称加密，数据的保密性和完整性得到了有效保护。

4.1.2 对称加密在数据存储与传输中的应用

对称加密作为一种高效且被广泛采用的数据保护手段，在数据存储与传输中发挥着关键作用。

对称加密的基本原理是使用同一个密钥进行加密和解密，当数据需要被存储在服务器上时，通过应用对称加密算法，数据可以在写入存储介质之前被加密，确保即使存储介质被非法获取，数据内容也无法被轻易读取。主要的对称加密算法包括高级加密标准（Advanced Encryption Standard，AES）、数据加密标准（Data Encryption Standard，DES）和三重数据加密标准（Triple Data Encryption Standard，3DES）。

在数据传输过程中，对称加密技术也同样提供了强大的保障。发送方使用密钥对数据进行加密，接收方使用相同的密钥进行解密，从而确保数据在传输过程中不被窃取或篡改。这种加密方式的应用不仅保护了用户的隐私信息，也为企业和组织的运营提供了稳定且可靠的数据安全保障。例如，通过 SSL/TLS 协议在握手过程中使用非对称加密交换对称密钥，从而实现使用对称加密进行数据传输；虚拟专用网络使用对称加密算法保护数据在公网上传输，确保数据在传输过程中的机密性和完整性；Wi-Fi 保护接入（Wi-Fi Protected Access，WPA）和 Wi-Fi 保护接入版本 2（Wi-Fi Protected Access Version 2，WPA2）使用 AES 对无线网络通信进行加密，保护无线数据传输的安全性。

4.1.3　非对称加密在数据存储与传输中的应用

非对称加密在数据存储与传输中的应用为数据安全性带来了革命性的提升。

1.　非对称加密在数据存储中的应用

在数据存储方面，非对称加密通过公钥和私钥的配对使用，确保了数据的机密性和完整性。非对称加密的基本原理是使用公钥和私钥两个不同的密钥来对数据进行加密，其中公钥用于加密数据，私钥用于解密数据。管理员或用户可以使用私钥对数据进行加密，然后存储加密后的数据。即使存储介质遭到非法访问，没有相应的私钥，也无法解密和读取原始数据。主要的非对称加密算法包括椭圆曲线密码体制（Elliptic Curve Cryptosystem，ECC）、数字签名算法（Digital Signature Algorithm，DSA）等。

2.　非对称加密在数据传输中的应用

在数据传输方面，非对称加密技术的应用同样广泛。发送方可以使用接收方的公钥对数据进行加密，然后通过网络传输加密后的数据。接收方收到数据后，使用自己的私钥进行解密，从而确保数据在传输过程中不被未经授权的第三方窃取或篡改。这种加密方式不仅加强了数据的保密性，还提供了身份验证的功能，进一步增强了数据传输的安全性。非对称加密技术的应用，为现代数据存储与传输领域提供了强有力的安全支撑。例如，许多即时通信应用（如 WhatsApp 等）使用非对称加密建立端到端加密通道，确保只有通信双方可以解密消息内容；安全多用途互联网邮件扩展（Secure Multipurpose Internet Mail Extensions，S/MIME）使用非对称加密保护电子邮件内容，确保邮件在传输过程中的机密性和完整性。

4.1.4　混合加密提供更强的数据安全保障

混合加密，顾名思义，是一种融合了多种加密算法的加密方式。它通常包括对称加密算法、非对称加密算法等。这些算法各自具有独特的安全特性，通过巧妙结合，可以大大提高加密系统的安全性和性能。混合加密的基本原理是利用对称加密算法对实际数据进行加密，同时使用非对称加密算法对对称加密的密钥进行加密，从而实现高效且安全的数据传输和存储。在实际应用中，混合加密通常按照以下步骤进行。

（1）生成密钥。使用非对称加密算法（如 RSA）生成一对公钥和私钥。

（2）数据加密。使用对称加密算法（如 AES）对需要保护的数据进行加密，并将生成的对称加密密钥用接收方的公钥进行加密。

（3）传输密钥。将加密后的对称加密密钥通过非对称加密的方式发送给接收方。

（4）数据解密。接收方收到对称加密密钥后，使用自己的私钥解密该密钥，然后用此密钥对数据进行解密。

混合加密广泛应用于各种场景，举例如下。

（1）HTTPS 协议。在 HTTPS 通信中，客户端和服务器之间会先通过非对称加密交换一个对称密钥，之后的所有通信都使用这个对称密钥进行对称加密。

（2）App 安全保护。在移动应用中，混合加密技术可以用于保护用户数据的机密性和完整性。

（3）云环境数据访问控制。在云计算环境中，混合加密技术可以用于确保数据的安全访问控制。

混合加密通过结合对称加密和非对称加密的优势，在信息安全领域发挥着重要作用，是保障数据安全的重要手段之一，随着技术的不断发展，混合加密将持续优化其性能和安全性。

4.2 身份认证与访问控制

4.2.1 身份认证的方法与技术

身份认证是保障信息系统安全的重要一环，旨在验证当前用户的真实身份。在实际应用中，身份认证的方法与技术多种多样，每种都有其独特的优势和适用场景。身份认证在保障信息系统安全中扮演着至关重要的角色，其优势在于能够确保只有经过授权的用户才能访问敏感数据和执行关键操作。通过严格的身份验证过程，系统可以验证用户的身份和权限，从而防止未经授权的访问和数据泄露。身份认证在多种适用场景中发挥着重要作用。

在企业内部信息系统中，身份认证能够确保员工只能访问其职责范围内的数据和应用程序，有效防止内部人员滥用权限或误操作。在电子商务和在线支付系统中，身份认证可以验证用户的真实身份，确保交易的安全性和可信度。在远程办公和云计算环境中，身份认证技术同样重要，它允许远程用户安全地访问公司网络和应用程序，同时确保数据的机密性和完整性。

总的来说，身份认证的优势在于其能够提供强有力的访问控制机制，确保只有经过验证的用户才能访问敏感数据，从而有效保护信息系统的安全性。在各种场景中，身份认证都发挥着不可替代的作用，为组织和个人提供了可靠的安全保障。

1. 用户名和密码认证

在众多身份认证方法中，用户名和密码认证因其简单、高效且广泛适用性而备受青睐。用户名和密码认证的优势在于其易于理解和使用，几乎不需要用户额外的培训或技术知识。同时，这种认证方式在大多数情况下都足够安全，特别是在配合强密码策略、定期更换密码和账户锁定等安全措施的情况下。其适用场景广泛，从个人应用到企业级系统，从简单的网站登录到复杂的金融交易，都可以采用用户名和密码认证方式。例如，在个人用户登录社交媒体、电子邮箱或在线购物网站时，用户名和密码认证是最常见的认证手段。而在企业级应用中，尽管可能需要更高层次的安全保障，但用户名和密码认证仍然是基础且不可或缺的一环，可以与其他认证方式（如生物特征识别、动态令牌等）相结合，提供多层次的安全防护。

　　总的来说，用户名和密码认证以其简单易用、安全可靠的特点，在保障信息系统安全中发挥着重要作用，并在各种应用场景中广泛应用。

2. 公钥基础设施和数字证书

　　公钥基础设施（Public Key Infrastructure，PKI）和数字证书提供了一种更为高级的认证机制。PKI 和数字证书在身份认证领域具有显著的优势和广泛的应用场景。其优势如下。

　　（1）安全性高。PKI 和数字证书基于非对称加密技术，确保了数据传输和存储的机密性、完整性和身份验证的准确性。这为用户和系统之间的安全通信提供了强大的保障。

　　（2）信任体系完善。PKI 通过数字证书建立了一个完善的信任体系，使得不同实体之间能够相互信任并进行安全通信。这种信任体系对于保护敏感数据和关键业务操作至关重要。

　　（3）可扩展性强。PKI 支持大规模部署，能够适应不断增长的用户和设备数量。同时，数字证书的管理和分发也相对灵活，可以根据实际需求进行调整。

　　PKI 和数字证书的使用场景如下。

　　（1）虚拟专用网络（Virtual Private Network，VPN）。VPN 利用 PKI 和数字证书技术来确保远程用户安全地访问公司内部网络资源。通过验证用户的身份和授权，VPN 可以防止未经授权的访问和数据泄露。

　　（2）安全电子邮件。电子邮件作为商业交流的重要工具，其安全性至关重要。PKI 和数字证书可以为电子邮件提供加密和签名功能，确保邮件内容的机密性和发件人的身份真实性。

（3）物联网（Internet of Things，IoT）。在物联网领域，设备之间的通信和数据交换需要高度安全性。PKI 和数字证书可以为物联网设备提供身份验证和数据加密功能，确保设备之间的安全通信和数据传输。

（4）区块链。区块链技术需要确保多个节点之间的安全通信和数据验证。PKI 和数字证书可以用于验证区块链中节点的身份和数据完整性，提高区块链的安全性和可信度。

综上所述，PKI 和数字证书在身份认证领域具有显著的优势和广泛的应用场景。它们通过提供强大的安全保障和完善的信任体系，为各种信息系统提供了可靠的身份认证解决方案。

3. 生物特征认证技术

生物特征认证技术则利用个体的生理或行为特征进行身份验证，如指纹识别、面部识别等。生物特征认证技术作为身份认证的一种重要方法，具有显著的优势和广泛的应用场景。其优势如下。

（1）唯一性与稳定性。生物特征（如指纹、虹膜、人脸等）与生俱来，具有极高的唯一性，并且终身不变，提供了可靠的身份验证手段。

（2）方便易用。一旦生物特征被系统识别并存储，用户无须记忆或携带任何额外的认证工具，只需通过简单的扫描或拍照即可完成身份验证。

（3）防伪性能好。生物特征难以复制或伪造，极大地提高了身份认证的安全性。

生物特征认证技术的使用场景如下。

（1）安全认证与访问控制。生物特征认证技术广泛应用于手机、计算机、门禁系统等设备的解锁和访问控制，取代了传统的密码或身份卡，提高了系统的安全性。

（2）金融服务。在银行和金融机构中，生物特征认证技术被用于客户身份验证，如指纹识别、虹膜识别等，增强了交易的安全性。

（3）医疗保健。在医疗领域，生物特征认证技术用于患者身份的确认，以防止医疗错误。同时，该技术也可用于患者的远程监控和健康管理。

（4）执法和刑事识别。生物特征认证技术在执法中也有广泛应用，包括使用指纹和面部识别技术来识别嫌疑人、查找失踪人员或处理交通违章等。

总的来说，生物特征认证技术凭借其唯一性、方便性和防伪性等优点，在安全认证、金融服务、医疗保健和执法等多个领域发挥着重要作用，为信息系统的安全提供了强有力的保障。

4. 单点登录技术

单点登录（Single Sign-On，SSO）技术允许用户通过一组凭据登录多个系统，提高了用户体验和系统安全性。单点登录技术作为身份认证的一种重要方法，具有显著的优势和广泛的应用场景。其优势如下。

（1）提升用户体验。单点登录允许用户只登录一次，即可访问多个相互信任的应用系统，无须在每个系统中重复输入用户名和密码。这大大简化了用户的操作流程，提升了用户体验。

（2）减少密码管理负担。用户只需记住一组用户名和密码，即可登录所有有权限的系统，从而减少了用户对用户名和密码的管理负担，降低了用户名和密码遗忘和重置的风险。

（3）提高安全性。单点登录实现了集中管理用户的身份验证和授权，减少了密码被泄露的风险。同时，通过采用开放授权（Open Authorization，OAuth）协议、基于 OAuth 2.0 的开放式身份认证协议等标准协议，单点登录可以减少系统中的身份验证漏洞，并更容易监控和管理用户的访问权限，提高整体安全性。

（4）简化开发和维护。不同的应用可以共享用户身份验证和授权逻辑，避免了重复开发相似的功能。此外，当需要添加或删除应用时，也更加方便管理。

单点登录技术的使用场景如下。

单点登录技术在大型网站和企业内部系统中应用广泛。例如，在阿里巴巴集团旗下的淘宝、天猫、支付宝等多个网站和子系统中，用户只需使用统一的支付宝或淘宝账号登录一次，即可访问所有相关系统，享受一站式服务。这种技术特别适用于那些需要用户频繁切换不同应用或服务的场景，如电商平台、在线教育、云计算等。通过单点登录，不仅可以提升用户体验，还可以降低企业的运营成本，提高整体安全性。

5. 基于令牌的身份验证技术

基于令牌的身份验证技术在保障信息系统安全方面具有显著优势，并适用于多种场景。其优势如下。

（1）增强安全性。通过引入额外的认证因素，如动态生成的令牌，可以显著提高身份验证的安全性，有效防止未经授权的访问。特别是当处理敏感信息时，基于令牌的身份验证提供了一种有效的安全机制。

（2）提供二次认证与多因素认证。基于令牌的身份验证通常涉及二次认证，要求用户提供令牌中的数字或代码。这种机制可以有效防止密码盗窃或暴力攻击，同时还可以与其他认证因素（如指纹识别、面部识别等）结合使用，实现更强的多因素认证。

（3）灵活性。令牌可以采用不同的形式，包括硬件令牌、软件令牌、短信令牌等，以适应不同的身份验证场景。这种灵活性使得基于令牌的身份验证能够广泛应用于各种信息系统。

（4）限制访问。基于令牌的身份验证可以确保只有持有有效令牌的用户才能访问受保护的资源，从而限制了非法访问，保障了敏感信息的安全性。

（5）自动更改密码。一些令牌技术可以生成动态密码，并在一定时间后自动更改，这增加了攻击者破解密码的难度，进一步提高了系统的安全性。

基于令牌的身份验证使用场景如下。

（1）Web 应用程序。基于令牌的身份验证可以用于保护 Web 应用程序中的敏感数据和资源，确保只有经过身份验证的用户才能访问。

（2）移动应用程序。在移动应用程序中，基于令牌的身份验证可以用于用户认证和数据访问控制，提供更安全的用户体验。

（3）API 访问。对于需要限制访问权限的 API 接口，基于令牌的身份验证可以确保只有授权的应用程序才能访问，保护 API 接口的安全性。

总的来说，基于令牌的身份验证机制技术通过增强安全性、提供二次认证与多因素认证、灵活性、限制访问和自动更改密码等优势，广泛应用于 Web 应用程序、移动应用程序和 API 访问等场景，为信息系统提供了更加可靠和安全的身份验证手段。

综上所述，身份认证的方法与技术多种多样，每种都有其独特的优点和适用场景。在选择和应用这些方法与技术时，需要综合考虑安全性、便捷性、隐私保护等因素，以确保信息系统的安全稳定运行。

4.2.2　访问控制策略的制定与实施

访问控制策略是一组规则和措施，用于管理和限制系统中用户对资源的访问权限。其主要目标是确保只有经过授权的用户才能访问特定资源，从而提高系统的安全性和合规性。访问控制策略制定与实施的详细步骤包括需求分析、策略制定、身份验证和授权、技术实施、监控和审计、培训和意识提升、持续改进，如图 4.1 所示。

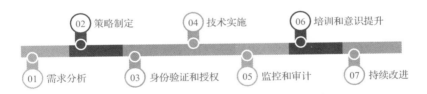

图 4.1　访问控制策略制定与实施的详细步骤

在需求分析阶段，需要对系统的访问需求进行全面分析，包括用户角色、资源类型、访问频率等方面的需求。根据需求分析的结果，制定适合系统的访问控制策略，包括确定访问控制模型、制定访问规则和权限分配策略等。接着需要进行身份验证和授权，部署适当的身份验证机制，确保用户的身份可以被准确确认；同时，实施授权机制，仅允许经过验证的用户访问特定资源和执行特定操作。根据访问控制策略配置和部署相应的访问控制技术和工具，如访问控制列表（Access Control List，ACL）、身份认证服务等。之后，实施监控和审计机制，定期审计系统的访问活动和权限分配情况，及时发现和纠正潜在的安全风险和漏洞。对系统管理员和用户进行培训，提高其对访问控制策略和措施的理解和遵守意识，确保访问控制策略的有效实施和执行。最后，定期评估和改进访问控制策略和措施，根据系统的变化和安全威胁的演变，及时调整和完善访问控制机制，以保障系统的安全性和合规性。

通过以上步骤，可以确保身份认证与访问控制策略在信息系统中的有效实施，从而保障数据的安全性和完整性。

4.3　数据泄露防护与检测

数据泄露是企业信息安全的主要挑战之一，数据泄露可能导致企业资产损失、法律风险和声誉受损。因此，全面理解和有效应对数据泄露的途径、风险，以及采取有效的检测技术与工具，对于保护企业数据安全至关重要。

4.3.1　数据泄露的途径与风险

数据泄露的途径与风险多种多样，每一种都伴随着独特的安全挑战。下面详细阐述几种常见的数据泄露途径及面临的相关风险。

1. 外部攻击导致的泄露

外部攻击是数据泄露的主要来源之一。网络钓鱼攻击通过发送虚假电子邮件或建立假冒网站，诱导用户点击恶意链接或输入敏感信息。恶意软件感染则通过病毒、木马等恶意程序窃取用户数据或破坏系统。分布式拒绝服务攻击则通过大量请求使目标服务器过载，导致正常用户无法访问服务。这些外部攻击不仅可能导致数据泄露，还可能引发系统瘫痪、声誉受损及法律风险。

2. 内部泄露

内部泄露同样不容忽视。员工的不当行为，如故意泄露敏感信息或误操作，以及内部威胁，如滥用访问权限或系统漏洞，都可能造成数据泄露。此外，不当的访问控制策略或系统配置，以及技术漏洞，也可能为数据泄露提供可乘之机。内部泄露的风险包括损害企业声誉、法律风险、财务损失等。

3. 供应链或第三方合作风险

随着供应链的日益复杂，企业越来越依赖于第三方合作伙伴。然而，供应链攻击和不安全的第三方应用都可能成为数据泄露的源头。攻击者可能利用供应链中的薄弱环节或第三方合作伙伴的漏洞进行攻击，从而获取敏感数据。因此，企业在与外部合作伙伴、供应商或服务提供商进行业务往来时，需要警惕潜在的供应链或第三方合作风险。

4. 物理安全漏洞

设备丢失或被盗、未加密的数据传输及未经授权的访问等物理安全漏洞也可能导致数据泄露。移动设备（如笔记本电脑、手机或存储介质）一旦丢失或被盗，其中的敏感数据就可能被泄露。在物理传输数据时，如果数据未加密，那么在传输过程中就可能被拦截、窃取或篡改。此外，未经授权的人员可能通过盗窃、冒充或暴力入侵等手段进入设备或数据中心，获取对数据的物理访问权限。物理安全漏洞可能引发数据泄露、篡改和服务中断等风险，对企业造成财务损失和法律风险。

5. 云服务和远程工作风险

随着云服务和远程工作的普及，数据泄露和未经授权访问的风险也在增加。云服务提供商的安全措施不足或员工远程工作环境的配置不当都可能导致数据泄露。此外，云服务和远程工作环境中的数据完整性和可靠性也可能受到影响。合法和合规也是使用云服务和远程工作时需要考虑的问题。企业需要确保数据在云服务和远程工作环境中得到妥善保护，以避免数据泄露、未经授权访问、数据完整性和可靠性问题以及法律风险等。

4.3.2　数据泄露检测技术与工具

在数字化时代，数据泄露已成为企业面临的重要挑战之一。为了及时发现和应对数据泄露，企业需要综合应用多种检测技术和工具，构建一个全面的多层次安全防护体系。下面对数据泄露检测技术与工具进行详细讨论。

1. 网络监控与入侵检测

网络监控与入侵检测是防止数据泄露的重要手段。其中，深度包检测（Deep Packet Inspection，DPI）是关键技术之一，用于分析网络流量中的数据包内容，从而发现潜在的安全威胁。此外，网络流量分析也是不可或缺的环节，通过实时监控和分析网络传输中的数据包，识别异常活动和潜在的安全威胁。

2. 数据泄露防护解决方案

数据泄露防护（Data Leakage Prevention，DLP）解决方案是保护企业敏感数据的关键措施。通过数据分类与识别功能，扫描、分类和分析数据，以识别个人身份信息、财务数据等敏感信息，并制定相应的安全策略。策略执行环节则在识别出敏感数据后，生成警报并记录审计日志，确保数据的安全性。

3. 用户与实体行为分析技术

用户与实体行为分析（User and Entity Behavior Analytics，UEBA）技术也是数据泄露检测的重要工具。通过行为建模功能，利用机器学习和统计分析等技术，对用户和实体的行为进行模式识别和建模，以发现潜在的安全威胁和异常行为。风险评估环节则对用户和实体行为数据进行分析，识别出潜在的安全威胁和风险，并对其进行评估和排名。

4. 日志管理与分析

日志管理与分析在数据泄露检测中也起着至关重要的作用。日志收集与存储功能收集系统、应用程序和网络设备生成的各类日志信息，并将其存储到中央日志存储系统中，以便后续分析和查询。事件关联分析则对存储的日志信息进行分析和挖掘，发现系统运行异常状态和安全事件，通过关联多个日志事件来发现潜在的安全威胁和数据泄露事件。

5. 数据库活动监控和加密与脱敏技术

数据库活动监控（Database Activity Monitoring，DAM）和加密与脱敏技术也是防止数据泄露的重要措施。数据库访问控制功能监控所有对数据库的访问和操作，实时记录数据库用户的活动，以便及时发现异常行为和潜在威胁。异常检测则通过行为分析和基准设定，识别异常或可疑的数据库活动。数据加密技术使用加密算法对数据进行加密存储和传输，确保数据在传输过程中或在存储介质被盗时无法被非法访问。数据脱敏技术用于在非生产环境中保护个人隐私，将敏感数据替换为无意义的数据，以用于测试、开发等非生产环境。

为了有效防止和检测数据泄露，企业需要综合应用多种技术和工具，构建一个全面的多层次安全防护体系。通过多层次的安全措施，企业能够更好地保护其数据资产，防范各种内外部威胁。

4.4 云计算环境下的数据安全

随着信息技术的飞速进步，云计算作为一种新兴的信息技术服务模式，是一种基于互联网的计算模式，通过云计算平台，将计算资源、存储资源和应用软件等按需分配给用户，以满足其个性化和灵活性需求的一种技术。这些服务可以通过公共云、私有云及混合云等形式提供，以其灵活性和可扩展性，为企业提供了前所未有的便利。然而，这种集中化的数据存储和处理模式也带来了全新的数据安全挑战。本节将深入分析和探讨云计算环境下的数据安全挑战及相应的防护措施。

4.4.1 云计算模型蕴含的五大特征

在转向云计算环境后，数据存储与处理任务由云服务提供商接管，不再局限于本地执行。云计算模型蕴含以下五大核心特征，确保了服务的灵活性、可访问性和成本效益。

1. 按需自助服务

按需自助服务如同水电供应般便利，用户无须与供应商直接协商，即可自主在线申请和配置所需的计算及存储资源，实现实时的资源规划与部署。采用计费模式灵活的"即用即付"原则，用户仅需为所使用的资源量付费，享有高度的便捷性和经济性。

2. 宽带网络接入

基于互联网的云服务，要求具备高带宽通信能力，确保用户无论身处何地，都能通过多种设备快速接入云服务。这不仅提升了企业的数据处理速度，也是构建高效数据中心的关键。

3. 虚拟化资源池

为了提供最优性能，云计算汇集了遍布全球的物理资源，通过虚拟化技术形成统一、灵活的资源池。用户无须关注资源的具体位置，即可享受即时分配的存储、计算能力，以及其他虚拟化资源，如内存、带宽和虚拟机等，实现资源的无缝调度和利用。

4. 弹性服务供给

云平台能够动态响应用户需求，快速扩容或缩减资源，确保服务的连续性和响应速度。这种弹性机制意味着用户可根据实际需求即时调整资源规模，享受近乎无限的计算能力，同时保持应用的高性能运行和用户体验。

5. 计费服务

云服务的计费基于实际资源消耗，实现服务的精细化计量。服务商通过明确的计费标准，让用户清晰了解资源使用成本，促使资源利用更加高效和透明。用户按实际消耗付费，既优化了成本控制，也促进了资源的合理分配与使用。

4.4.2　云计算环境下的数据安全挑战

云计算环境相较于传统信息技术环境呈现出独特的安全挑战，尤其在 IaaS、PaaS、SaaS 等服务模型中，安全责任分布各异，要求用户和服务商针对各自负责的安全层面采取有效措施。在云计算安全框架下，数据安全尤为关键，横跨物理、虚拟化、数据和应用四大安全领域。下面讲述两大主要参与者——客户端与服务器端，所面临的复杂安全挑战。

1. 客户端安全挑战

云计算依赖于互联网进行数据交互，这使得数据在传输过程中易遭受中间人攻击、数据包嗅探等威胁，可能导致隐私泄露或数据篡改；不平等的带宽分配和数据包丢失问题也可能影响数据完整性，增加网络拥塞；存在分布式拒绝服务攻击风险，分布式拒绝服务攻击可导致云服务中断，影响服务可用性，是云环境下特有的安全威胁之一。

2. 服务器端安全挑战

用户失去对数据物理位置的直接控制，难以直观判断数据存放环境的安全性；在多用户共享的云平台上，缺乏有效的数据隔离和访问控制策略，可能导致数据混淆或非授权访问，威胁用户数据隐私；用户对云服务商的操作缺乏透明度，难以确认数据操作的准确性与合规性，以及删除数据的真实状态，存在数据被不当保留或滥用的风险；云存储增加了数据遭受外部攻击和内部误操作泄露的风险；自然灾害和人为因素也威胁着数据中心的物理安全，影响数据的完整性和可靠性。

4.4.3 云计算环境下的数据安全措施

虽然云服务带来了许多便利，但也对网络安全提出了更高的要求，为了应对这些挑战，采取以下数据安全措施是确保云计算环境中数据安全的关键。

1. 云数据隔离

在确保云环境数据安全的框架中，数据隔离策略扮演着核心角色，旨在抵御非法侵入并保护敏感信息。这一策略具体体现为两个关键措施：数据分级与访问控制。

（1）数据分级。依据信息的敏感性和重要性，将数据分为多个层级。这种分级基于个人、企业乃至国家级别的不同安全要求，确保每一级别的数据都有与其相匹配的访问与存储规则。实施数据分级不仅要求遵循国家制定的安全标准，还强调云用户和服务提供商需共同协作，根据具体情况对数据实施严格的安全分类。

（2）访问控制。在用户身份验证后，通过精细的权限管理机制来实施访问控制，确保用户只能在其权限范围内操作数据。这意味着访问权限将依据用户身份和其所属的预设群组动态调整，如限制访客的编辑权限、赋予普通员工数据下载权限等。此外，云平台应集成高级访问控制与身份验证技术，如多因素认证，以提升安全性，有效阻挡未授权访问企图，确保数据访问权限的严格把控。

2. 云端数据完整性校验

为防止数据传输中遭遇非法篡改或损坏，确保信息修改仅在授权认证的前提下进行，数据完整性校验显得尤为重要。现有校验方法分为两类：一是用户与云服务商间的直接交互校验，二是引入第三方可信机构进行独立校验，以避免潜在的利益冲突导致的信息不透明。云服务商应致力于采取一切必要措施，保障数据完整性。

3.　数据可用性强化

为确保授权用户能随时可靠访问数据，云服务商需实施严格的数据保护策略与技术方案。这包括采用多副本存储、数据复制机制及灾难恢复备份技术，以应对系统故障、人为错误或自然灾害等可能引发的数据丢失风险。通过这些措施，即使主数据受损，也能迅速从备份副本中恢复数据，维持云服务不间断，有效减少用户损失并保障业务连续性。

4.　数据加密

无论数据是在传输途中还是处于静息存储状态，加密都是不可或缺的安全保护措施。数据加密是利用高级加密算法，将易读的明文数据转换成无法阅读的密文，有效阻止数据泄露与篡改企图。通过同态加密允许在加密状态下对数据进行计算，而不需要解密数据。这意味着云服务商可以在加密的数据上进行计算，然后将结果返回给用户，从而保护数据隐私。即便加密数据不幸被黑客截获，没有相应的解密密钥，这些数据也将无法被解读，从而保护了数据的私密性。用户可事先利用多样化的加密技术处理数据，然后将其存储至云端，为静态数据安全提供直接且高效的防护。在云计算环境下，数据加密不仅是保护数据安全的关键一环，还允许用户在数据上传前即进行加密操作，确保数据从离开用户端直至云端的全生命周期均处于加密状态，极大地增强了数据的安全性，即便云服务遭遇安全侵扰，攻击者也无法直接获取到有价值的明文数据，进一步加固了数据的防护壁垒。

5.　数据删除

由于用户数据删除后在磁盘中存在被恢复的可能，或者云服务商没有将备份数据真正删除的情况下，都会导致数据残留的问题，这些残留的敏感数据可能在无意中被泄露出去并给用户造成巨大的损失。因此，为了保障数据的机密性，就必须制定切实可行的数据删除策略，并使用技术手段将残留数据永久地销毁。

6. 其他一些云计算上可用的数据安全措施

（1）零知识证明。这是一种创新的验证方法，能够在不泄露实际敏感信息的前提下验证数据或身份的真实性，为云计算环境中的用户身份验证和数据属性确认提供一种安全无泄露的解决方案。

（2）入侵检测与防御系统。集成入侵检测系统与入侵防御系统，通过持续监控网络活动，即时识别并响应潜在威胁，构建起主动防御机制，有效抵御安全侵犯。

（3）自动化安全配置管理。确保云资源遵循最佳安全实践配置，利用自动化工具智能识别配置失误与安全漏洞，减少人为因素导致的安全风险，提升防护效率。

（4）动态监控与智能分析。实施全天候日志监控与分析，运用先进数据分析技术和机器学习模型，精准识别异常行为模式，增强威胁检测的精确度与时效性。

（5）定期安全审计与风险评估。建立定期安全审计机制，验证安全控制的有效性，及时发现并应对新出现的安全弱点，确保安全策略的持续优化与适应性。

（6）灾备与业务连续性规划。制定详尽的灾难恢复与业务连续性策略，包括全面的数据备份与快速恢复程序，确保在面临数据丢失或系统崩溃时，业务运行能够迅速恢复正常，减少中断影响。

（7）员工安全教育与意识提升。加大对员工的安全培训力度，提升其对钓鱼攻击、社会工程攻击等复杂威胁的识别能力，培养良好的安全操作习惯，构建起从人到技术的全面安全防线。

通过实施上述措施，企业和组织不仅能够提高其云环境的安全性，还能够更好地保护其数据和信息资产不受威胁，从而在不断变化的网络威胁环境中保持竞争力和合规性。

4.5　区块链助力数据安全

区块链技术凭借其独特的分布式共识设计方式，在数据隐私保护领域展现出了前所未有的潜力，尤其在应对传统数据保护手段面临的挑战方面，区块链技术提供了新的解决方法，为解决数据安全和隐私泄露等传统难题提供了一种全新的思路和解决方案。

4.5.1　区块链在数据安全上的应用启示

在数字化转型的浪潮中，数据安全成为保护数据资源的关键。区块链技术的出现，为数据安全领域带来了革命性的突破，其独特的分布式账本、加密算法和共识机制，为数据保护提供了前所未有的可能性。区块链是一种分布式的数据库技术，它通过将数据记录在由多个区块链接而成的链上，形成了一个不可篡改、透明且安全的分布式账本。这种设计赋予了区块链几个核心优势。

（1）分布式。没有单一的控制点，所有参与者共同维护数据的完整性和一致性，降低了传统集中式系统面临的单点故障风险。

（2）不可篡改性。一旦数据被记录在区块链上，就无法被修改或删除，除非获得网络中大多数节点的同意，这极大地提高了数据的可靠性。

（3）加密安全。区块链利用先进的加密技术确保数据的机密性和完整性，即使数据在网络上传输，也能防止未授权访问和篡改。

（4）共识机制。通过共识算法（如工作量证明、权益证明等），区块链网络中的节点能够就交易的有效性达成一致，无须第三方信任中介，保证了交易的公正性和透明度。

区块链技术以其特性，正在深刻改变数据安全的格局。通过构建一个更加安全、透明、高效的数字生态系统，区块链不仅提升了数据的安全性和价值，也为数字经济的可持续发展奠定了坚实的基础。随着技术的不断进步和应用的深入探索，区块链在数据安全领域的影响力日益显著。

在数字化时代，数据安全已成为企业和个人关注的焦点。随着数据泄露事件越来越多，人们对数据保护的需求日益增长。区块链技术作为一种分布式、不可篡改的账本技术，正在成为数据安全领域的一股重要力量。

区块链技术的核心优势在于其分布式的架构，这意味着数据不是存储在单一服务器上，而是分布在网络中的多个节点上。这种分散的存储方式极大地提高了数据的抗攻击性和恢复能力，因为要篡改数据，攻击者需要同时控制网络中的大多数节点，这在实际操作中几乎是不可能的。此外，区块链的加密机制确保了数据的机密性和完整性，即便数据是在网络中传输，也能有效防止未授权访问和篡改。

区块链的另一个关键特性是其不可篡改性。一旦数据被记录在区块链上，就无法被修改或删除，除非网络中超过51%的节点同意进行更改。这种机制有效地防止了数据被恶意篡改，确保了数据的真实性和完整性。在金融交易、供应链管理、版权保护等领域，区块链的这一特性尤其重要，它能够提供一个不可伪造的时间戳，证明数据的存在和状态，从而增强了数据的可信度和价值。

智能合约是区块链技术的另一大亮点，它允许在区块链上自动执行预设条件下的交易或协议。智能合约基于代码编写，当满足特定条件时，会自动触发相应的操作，无须人工干预。这种自动化执行的特点，不仅提高了交易效率，还减少了人为错误和欺诈的可能性。在房地产交易、保险理赔、供应链金融等场景中，智能合约的应用大大简化了流程，降低了成本，同时，由于所有交易记录都被永久保存在区块链上，确保了交易的透明性和可追溯性。

区块链技术还为个人数据保护提供了新的解决方案。通过使用零知识证明、同态加密等高级加密技术，区块链能够在不暴露原始数据的情况下验证数据的真实性和完整性，保护了用户的隐私。此外，区块链的分布式特性意味着数据不再由单一实体控制，而是由用户自己掌握，这从根本上改变了数据的所有权结构，让用户重新获得了对自己数据的控制权，促进了数据主权的回归。

总之，区块链技术以其分布式、不可篡改性、加密安全和共识机制的特性，正在深刻影响数据安全的未来。它不仅能够提供强大的数据保护机制，还能促进数据的透明性和可追溯性，为构建一个更加安全、可信、智能的数字世界提供了无限可能。

4.5.2 区块链在数据安全中面临的挑战

区块链技术以其分布式、不可篡改性、加密安全和共识机制的特性，在数据安全领域展现出了巨大的潜力。然而，要将这一潜力转化为现实应用，还需克服一系列技术、法律、用户接受度等多方面的挑战。下面将详细探讨这些挑战，并介绍当前正在探索的解决方案，以期为区块链在数据安全领域的广泛应用铺平道路。

1. 隐私保护与数据敏感性

区块链的永久存储特性与数据保护法规中的"被遗忘权"（right to be forgotten）存在明显的冲突。一旦数据被写入区块链，就无法删除或修改，这意味着即使数据不再需要或用户撤回同意，数据仍然永久保存，这显然与《通用数据保护条例》（GDPR）等数据保护法规的要求相悖。这一矛盾挑战了区块链在个人数据管理方面的应用，特别是在涉及敏感信息的场景中，如医疗健康、金融服务等领域。

2. 法规遵从与标准化

全球范围内对于区块链技术的监管政策尚不统一，不同国家和地区对于数据跨境传输、数据所有权、隐私保护等方面的规定存在显著差异。这不仅增加了区块链应用的法律风险，还导致了合规难度的提升，特别是在跨国公司和全球供应链的场景中。此外，目前区块链领域缺乏统一的标准和协议，导致不同区块链平台之间难以实现互操作性，影响了数据的流动性和应用的广泛性，阻碍了区块链技术的规模化应用。

3. 技术成熟度与安全性

智能合约是区块链上自动化执行的程序，它能够自动执行预先设定的条件，无须中间人的介入。然而，智能合约的代码可能存在漏洞，一旦被黑客利用，可能导致资金损失或数据泄露，甚至影响到整个区块链网络的安全。历史上，如 The DAO 事件就因智能合约漏洞导致巨额损失，凸显了智能合约安全审计的重要性。

4. 用户教育与接受度

区块链技术的概念复杂，普通用户可能难以理解其工作原理和优势，这阻碍了区块链在大众层面的推广和应用。相较于传统数据存储方式，使用区块链技术需要用户具备一定的技术知识，包括密钥管理、智能合约操作等，这提高了用户的学习成本和使用门槛，限制了区块链技术的普及速度。

4.5.3 区块链在数据安全中的应对策略

为了克服区块链技术在数据安全领域所面临的挑战，研究者正在积极探索创新的解决方案，以期最大化区块链的潜力，为数据安全提供更加强大和灵活的保护。

1. 隐私保护技术的创新

在数据安全领域，隐私保护是区块链技术面临的首要挑战之一。为了在保护数据隐私的同时确保数据的真实性和完整性，研究者正在积极开发一系列隐私保护技术，其中零知识证明（Zero-Knowledge Proofs, ZKP）和同态加密（Homomorphic Encryption）是最具代表性的两种。

（1）零知识证明。零知识证明是一种允许一方（证明者）向另一方（验证者）证明某项声明的真实性，而不透露任何额外信息的加密技术。在区块链场景下，ZKP 使得用户可以在不泄露具体数据的情况下，证明自己拥有或满足某种条件，如年龄、资产、身份等，从而在保护个人隐私的同时，满足业务需求。例如，在金融服务中，用户可以使用 ZKP 证明自己的收入水平或信用评分，而无须披露具体的财务细节，这极大地增强了数据的安全性和隐私性。

（2）同态加密。同态加密是一种特殊的加密技术，允许在加密数据上直接进行运算，而无须先解密数据。这意味着，即使数据处于加密状态，也可以进行计算和分析，这在云计算和大数据分析领域具有重大意义。通过同态加密，区块链可以实现数据的隐私保护和计算功能的完美结合，确保数据在传输和处理过程中的安全，同时保持数据的可用性，为数据共享和合作提供了安全的通道。

2. 法规遵从与标准化的推进

全球范围内对于区块链技术的监管政策尚未形成统一标准，不同国家和地区的法律法规存在显著差异，这增加了区块链应用的法律风险和合规难度。为了解决这一问题，研究者和政策制定者正在积极推动建立跨区域的区块链联盟，以协调全球区块链技术的标准化。

标准化是区块链技术走向成熟和广泛应用的关键。通过建立全球统一的区块链标准，可以确保不同区块链平台之间的互操作性，促进数据的自由流动，降低技术壁垒，为区块链应用的全球化铺平道路。标准化还将有助于提升区块链技术的安全性和可靠性，减少因技术差异导致的安全风险，为用户提供更加稳定和安全的服务。

建立全球联盟协调各国的法律法规，为区块链应用提供统一的法律框架和操作指南。这不仅包括数据保护和隐私法规，还涉及跨境数据传输、知识产权保护、税收政策等方面。通过建立明确的法律指导，区块链企业可以更加清晰地了解合规要求，降低法律风险，促进区块链技术的健康和可持续发展。

3. 智能合约安全审计的加强

智能合约是区块链技术的核心组件之一，它能够自动执行预设的规则和条件，无须中间人介入，极大地提高了交易效率和透明度。然而，智能合约的代码漏洞一直是区块链安全的主要隐患之一。为了提高智能合约的安全性和可靠性，研究者正在开发更高级的代码审计工具，引入形式化验证技术，以确保智能合约的正确性和安全性。

（1）形式化验证技术。形式化验证是一种数学方法，用于证明软件或硬件系统的正确性和安全性。在智能合约领域，形式化验证可以通过构建数学模型，验证智能合约的逻辑是否符合预期，是否存在潜在的漏洞或攻击点。这种方法能够提供比传统测试更高的保证级别，确保智能合约在各种可能的执行路径下都能正确运行，减少因代码漏洞引发的安全事件。

（2）安全审计工具的开发。除了形式化验证，研究者还在开发更智能的安全审计工具，利用人工智能和机器学习技术，自动检测智能合约中的安全漏洞和潜在风险。这些工具能够分析智能合约的代码结构、执行逻辑和外部交互，提供详细的漏洞报告和修复建议，帮助开发者及时发现和修复问题，提高智能合约的安全性和可靠性。

4. 跨链协议的构建

跨链技术是区块链领域的一项重要创新，它允许不同区块链平台之间的数据和资产实现无缝转移，解决了区块链孤岛问题，提高了区块链网络的互操作性和灵活性。通过构建跨链协议，研究者正在努力实现区块链生态的互联互通，促进数据的自由流动，为用户提供更加便捷和安全的服务。

跨链技术的核心在于建立一种通用的通信协议，使得不同区块链平台能够相互通信和交换数据。这通常涉及创建跨链桥接器，作为不同区块链之间的中介，负责验证交易的有效性，确保资产在跨链转移过程中的安全和一致性。

跨链技术已经在多个领域展现出应用潜力。在供应链管理中，跨链技术可以整合多个区块链平台上的物流、仓储和财务数据，实现供应链的全程追溯，提高透明度和效率。在身份认证领域，跨链技术可以实现不同区块链平台之间的身份信息共享，简化用户的身份验证流程，提高数据的安全性和隐私性。

5. 用户界面与体验的优化

尽管区块链技术具有巨大的潜力，但由于其技术复杂性和专业性，普通用户往往难以理解和使用，这限制了区块链技术的普及和应用。为了降低使用门槛，提升用户体验，研究者和开发者正在积极优化用户界面，通过图形化编程、一键式操作等方式，使普通用户也能轻松掌握区块链技术，促进区块链技术的普惠化。

（1）图形化编程界面。图形化编程是一种直观的编程方式，用户可以通过拖曳图形化的编程块来构建复杂的逻辑和功能，而无须编写复杂的代码。在区块链领域，图形化编程界面可以大大降低智能合约的开发难度，使非技术人员也能轻松创建和部署智能合约。这种界面通常包括一系列预定义的功能模块，如数据存储、事件监听、条件判断等，用户只需按照业务需求进行组合和配置，即可实现智能合约的功能。

（2）一键式操作体验。为了提升用户体验，许多区块链应用正在开发一键式操作功能，让用户能够通过简单的点击或滑动，完成复杂的交易或操作。例如，在数字资产管理中，用户可以通过一键式操作实现数字资产的购买、出售、转移等功能，无须深入了解区块链技术的细节。在身份认证领域，用户可以通过一键式操作完成身份验证和授权，避免了烦琐的登录和验证流程。这些一键式操作不仅提高了用户的操作效率，也增强了用户的安全感，因为它们通常会内置多重安全验证机制，确保操作的安全性和准确性。

区块链技术在数据安全领域的应用前景广阔，但要充分发挥其潜力，还需克服隐私保护、法规遵从、技术成熟度与安全性和用户体验等多方面的挑战。通过隐私保护技术的创新、法规遵从与标准化的推进、智能合约安全审计的加强、跨链协议的构建和用户界面与体验的优化，区块链技术有望变得更加安全、可靠和易用。然而，这一过程需要全球范围内的合作与努力，包括政府、企业、学术界和用户在内的所有利益相关方都应积极参与，共同推动区块链技术的发展和应用，为构建更加安全、透明和可信的数字世界做出贡献。

4.6　人工智能赋能数据安全

面对日益复杂的数据安全挑战，如何平衡数据需求的扩大与个人隐私权益成为一项长期的使命，要求我们在利用人工智能强化数据安全的同时，不断研发和完善隐私保护技术，确保技术发展服务于社会的同时，充分尊重并保护每个个体的信息隐私权。

4.6.1　人工智能在数据安全上的应用启示

在当今这个由数据驱动的人工智能时代背景下，随着数据量与数据维度的持续膨胀，机器学习等先进技术正以前所未有的规模挖掘数据价值，为社会创造福祉。然而，这一进程伴随着个人数据，涵盖从基本信息（如姓名、年龄）至财务状况及住址详情的广泛搜集与利用，悄然间对个人隐私构成了潜在威胁。因此，运用人工智能实施自动化和智能化的数据安全管理，成为了强化数据保护与隐私保护的关键策略，旨在平衡技术创新与个人权益保护。

在数字化转型的浪潮中，数据已成为企业乃至国家的核心资产，而数据安全与隐私保护则成为维护社会稳定和经济发展的重要基石。随着人工智能技术的飞速发展，其在数据安全与隐私保护领域的应用日益凸显，从数据分析与风险识别，到智能监测与入侵防御，再到自动化安全运维、数据脱敏，人工智能正成为构建智能安全屏障的关键力量。

1. 数据分析与风险识别

在数据安全领域，人工智能凭借其深度学习与先进的模式识别能力，能够迅速解析海量数据，精准识别隐藏的安全威胁模式。这一能力在金融交易监控场景中所起的作用尤为显著，系统能实时检测并阻止欺诈行为，确保资金流的可靠性与安全性。通过分析交易模式、金额、频率及地理位置等多维度数据，人工智能能够识别出异常交易模式，及时预警可能的欺诈行为，有效防止资金损失。此外，在企业内部，人工智能还能通过分析员工行为模式，识别潜在的内部威胁，如数据泄露、违规操作等，从而发出预警，采取相应措施，保护企业数据安全。

2. 智能监测与入侵防御

集成人工智能的监控系统，能够连续监控网络动态，运用高级算法甄别异常流量与潜在入侵迹象，及时启动警报并自主执行防御操作，确保数据完整性与网络安全的稳定性。在传统的安全监测中，面对海量的网络流量，人工监控往往难以及时发现异常，而人工智能通过深度学习和模式匹配，能够迅速识别出与正常流量模式不符的异常行为，如分布式拒绝服务攻击、恶意软件传播等，实现对网络安全威胁的早期预警。同时，人工智能能够根据实时的威胁情报，动态调整防火墙规则、封锁恶意 IP、阻止入侵尝试，以保护网络免受攻击。

3. 自动化安全运维

通过引入人工智能技术，安全运维得以自动化，依据历史事件和预定义规则，系统能迅速执行漏洞修复、攻击追踪等任务，大幅度提高响应效率与精确度，减少人工干预，优化资源分配。在面对新型威胁时，人工智能能够通过学习以往的安全事件，自动分析攻击模式，预测可能的攻击路径，提前部署防御措施。此外，人工智能还能通过分析系统日志，自动识别潜在的漏洞，触发补丁管理流程，及时修复系统漏洞，防止被攻击者利用。在安全事件发生后，人工智能能够快速定位攻击源，追踪攻击链路，为后续的事件响应和恢复工作提供关键信息，极大缩短了安全事件的响应时间，减少了损失。

4. 数据脱敏

通过数据脱敏技术，人工智能能够在保留数据价值的同时，去除或替换敏感信息，确保数据在传输和使用过程中的隐私安全。例如，在医疗健康领域，人工智能能够自动识别并脱敏患者的个人信息（如姓名、身份证号等），确保在研究和数据分析中，患者隐私得到充分保护。此外，人工智能还能通过差分隐私等技术，为数据添加随机噪声，进一步增强数据的匿名性，保护个体隐私，同时保证数据分析的准确性和有效性。

人工智能在数据安全与隐私保护中的应用，正引领着一个新时代的到来。人工智能不仅提升了数据安全防护的能力，还促进了隐私保护的技术创新。然而，随着技术的不断发展，数据安全与隐私保护也将面临新的挑战，如人工智能模型的鲁棒性、数据偏见等问题，需要业界持续关注与探索。未来，人工智能将在数据安全与隐私保护领域发挥更加重要的作用，构建更加智能、安全、可信的数据生态，为数字经济的健康发展提供坚实保障。

4.6.2 人工智能在数据安全中面临的挑战

在数字化时代，人工智能正以前所未有的速度改变着我们的生活和工作方式。尤其是在数据安全与隐私保护领域，人工智能展现出巨大的潜力，从自动化威胁检测到智能隐私保护，它为解决传统安全难题提供了新的视角。然而，随着人工智能技术的深入应用，一系列挑战也逐渐浮出水面，要求我们在追求技术创新的同时，必须同步加强安全策略，确保技术进步与个人隐私保护的和谐共生。

1. 数据安全风险伴随全周期

生成式人工智能的高效学习能力，建立在其庞大的语料库之上，这使得数据从采集、处理、存储到应用的每一个环节都可能潜藏安全漏洞。在数据采集阶段，若缺乏严格的权限控制和加密措施，原始数据就可能被非法访问或篡改。而在数据处理和存储过程中，如果加密算法强度不足，或者存在系统配置错误，数据在传输和存储中就容易遭受攻击。更为严重的是，人工智能系统本身的可信性问题，包括模型与代码层面的潜在威胁，如后门植入、模型中毒等，加剧了整体风险。一旦敏感数据处理不当，不仅可能暴露用户隐私，还可能导致模型训练偏差，影响决策质量，甚至引发连锁反应，危及整个系统的稳定运行。

2. 数据隐私泄露的隐忧

人工智能大模型训练依赖的巨量数据中，往往夹杂着敏感信息。缺乏严格保护措施的数据处理流程，从收集到分析，每一步都暗含隐私泄露风险。在数据预处理阶段，如果没有实施有效的数据脱敏或匿名化技术，个人身份信息、健康记录等敏感数据可能被暴露。而在模型训练过程中，如果数据集未经充分清洗，包含的隐私信息可能被模型"记住"，并在后续的预测或生成过程中无意间泄露。这种现象在自然语言处理领域尤为突出，生成式人工智能在回答问题或生成文本时，有时会"不经意"地透露训练数据中的敏感信息，这不仅侵犯了用户隐私，还可能违反数据保护法规，给企业和个人带来法律风险。

3. 新兴智能驱动的攻击手段

科技进步的同时，也为黑客提供了新工具和新战场。他们能够利用人工智能技术开发出更加复杂、更加难以察觉的攻击方式，这些攻击手段不仅针对技术本身，更对现有防御体系构成了前所未有的压力。例如，利用人工智能生成的恶意软件能够模仿正常程序的行为，逃避传统杀毒软件的检测；而基于人工智能的社交工程攻击，通过分析目标的社交媒体行为，定制高度个性化的钓鱼邮件或消息，极大地提高了攻击的成功率。此外，智能驱动的攻击还可以利用人工智能进行大规模的自动化扫描，寻找系统中的弱点，使防御者防不胜防。这些新型攻击手段的出现，要求研究者在设计安全防护体系时，必须考虑到人工智能的双重角色——既是保护盾也是攻城锤。

4. 个人信息融合与滥用的困境

虽然多源数据分析能力提升了人工智能服务的个性化水平，为用户提供了更加贴合需求的产品和服务，但也可能导致在无意识中整合分析个人信息，泄露用户的个人身份特征与偏好。例如，在推荐系统中，为了提供更加精准的推荐，人工智能会收集和分析用户的浏览历史、购买记录、搜索查询等多种数据，形成用户画像。然而，当这些数据被不当整合时，即使单个数据点看似无害，也可能通过数据关联和交叉验证，揭示用户的敏感信息，如政治倾向、宗教信仰、家庭状况等。这种个人信息的过度收集和分析，不仅侵犯了用户的隐私权，还可能被用于不正当目的，甚至是身份盗窃，增加了隐私侵权的风险，损害了用户权益。

尽管人工智能在数据安全与隐私保护的应用中面临诸多挑战，但通过综合施策、协同创新，完全有能力构建一个既智能又安全的数字世界。这不仅需要技术上的突破，更需要法律、道德、教育和社会各界的共同努力。通过建立健全监管机制，确保技术的健康发展，避免技术滥用带来的负面影响。同时，倡导负责任的人工智能研发和应用，鼓励企业、研究机构和政府之间开展合作，共同推动数据安全与隐私保护领域的技术创新和伦理标准建设。

4.6.3　人工智能在数据安全中的应对策略

面对人工智能在数据安全与隐私保护方面遇到的挑战，构建一个全面且有效的防护框架变得尤为重要。这不仅需要技术上的革新，更需要政策、教育和国际合作的支撑，共同打造一个既智能又安全的数字环境。

1. 强化数据生命周期管理

数据生命周期管理是确保数据安全与隐私保护的第一道防线。这涉及从数据的采集、传输、存储到销毁的全过程，每个环节都必须遵循严格的安全标准和操作规程。首先，在数据采集阶段，应实施最小化原则，只收集完成特定任务所必需的信息，并确保获取数据的方式符合法律和伦理规范。在数据传输过程中，采用加密技术保护数据免受窃听和篡改，同时，对数据进行去标识化或匿名化处理，减少隐私泄露的风险。其次，在数据存储阶段，除了采用物理安全措施（如防火墙和入侵监测系统），还需要定期进行安全审计和数据备份，以防数据丢失或遭到未经授权的访问。最后，当数据不再需要时，应采用安全的销毁方法，彻底删除数据，防止数据残留造成的安全隐患。

2. 加强模型审计和透明度

随着人工智能系统在各行各业的广泛应用，确保这些系统内部运作的透明度和可解释性成为维护数据安全与隐私的关键。这要求我们建立一套完善的模型审计机制，定期检查模型的训练过程、参数设置和性能表现，以发现和纠正潜在的偏见或异常行为。同时，提高人工智能系统的透明度，意味着向利益相关方提供足够的信息，使其能够理解人工智能决策的依据和逻辑，从而增强公众对人工智能技术的信任。此外，应加强对人工智能系统的安全性测试，评估其对抗恶意攻击的能力，确保系统在遭受攻击时仍能保持基本功能，减少后门风险，保护数据安全。

3. 提升防御体系的智能化水平

面对日益复杂的网络环境，传统的安全防御机制已难以应对新兴的智能驱动攻击。因此，我们需要利用人工智能技术来提升防御体系的智能化水平。这包括采用人工智能驱动的安全分析工具，实时监测网络流量，自动识别异常行为和潜在威胁，及时预警并启动响应措施。同时，利用机器学习算法分析攻击模式，预测可能的攻击趋势，提前做好防范准备。此外，智能防御系统还能自我学习和进化，不断提升自身的防御能力和效率，形成动态防护网，有效抵御新型攻击，保护数据安全。

4. 完善法律法规和行业标准

数据安全与隐私保护不仅是一个技术问题，更是一个法律和伦理问题。因此，完善相关的法律法规和行业标准，对于构建数据安全与隐私保护的法治环境至关重要。政府应出台明确的数据保护法律，规定数据收集、使用和共享的基本原则，保护个人隐私不受侵犯。同时，制定行业标准和最佳实践指南，为企业和个人提供清晰的操作规范，促进数据安全与隐私保护的标准化和规范化。此外，建立专门的数据保护机构，负责监督法律法规的执行，处理数据泄露事件，维护受害者权益，确保数据安全与隐私保护的有效实施。

5. 增强公众和从业人员的意识与能力

数据安全与隐私保护不仅依赖于技术和法律，更需要公众和从业人员的广泛参与和共同努力。提升数据安全意识，教育公众识别和防范网络威胁，了解个人数据的价值和风险，是构建安全生态的基础。同时，培养专业的数据安全人才，加强从业人员的专业技能培训，提高其应对复杂安全问题的能力，是确保数据安全与隐私保护措施得到有效执行的关键。这需要学校、企业和政府等各方合作，共同推动数据安全教育和培训，营造良好的安全文化氛围。

6. 跨学科合作与国际交流

数据安全与隐私保护是一项全球性的挑战，需要各国政府、国际组织、企业和学术界等多方面的合作与交流。通过跨学科的研究，结合计算机科学、法学、伦理学等领域的知识，可以推动数据安全与隐私保护理论和技术的创新。同时，加强国际交流与合作，分享最佳实践和技术成果，有助于推动全球数据安全与隐私保护标准的统一和发展，促进全球范围内数据流动的安全与合法。这不仅有助于跨国企业的合规运营，也有利于保护全球网民的隐私权益，构建更加安全、开放和包容的全球互联网环境。

综上所述，面对人工智能在数据安全与隐私保护领域遇到的挑战，构建全面的防护框架，需要从强化数据生命周期管理、加强模型审计和透明度、提升防御体系智能化水平、完善法律法规和行业标准等多个维度出发，同时增强公众和从业人员的意识与能力，促进跨学科合作与国际交流，共同推动数据安全与隐私保护的全面发展。通过这些综合措施，不仅能够有效应对当前面临的数据安全挑战，还能为未来的数字社会奠定坚实的安全基础，确保技术进步与个人隐私保护的和谐共生。

4.7　案例：Adobe 客户隐私泄露事件

2013 年 10 月 3 日，知名软件公司 Adobe 在其网站上公开声明，宣布遭到黑客攻击，约有 290 万条公司用户的信息资料被盗。该公司声称这是一起"精密复杂的"网络攻击事件。Adobe 技术目前广泛地应用在 PDF 格式的文档上，该公司的主要产品还包括图形图像处理软件 Photoshop，以及可以打开并处理 PDF 内容的 Acrobat Reader 等。

事件发生时 Adobe 公司的首席安全官表示，黑客取得了用户的加密数据，包括密码及付款数据等。黑客同时也窃取了许多 Adobe 产品的源代码，包括 Adobe Acrobat 和 ColdFusion 等。

虽然 Adobe 公司方面认为这起意外并不会对用户增加任何特别的隐忧。但是网络安全公司认为产品源代码被盗是一件非常严重的事情，如果黑客在官方软件更新中嵌入恶意代码，可能会控制大量用户计算机。

1. 应对措施

Adobe 公司告知其用户应重新设置密码，并通知银行密切注意和 Adobe 公司有关的转账信息。Adobe 公司重设了那些个人资料被盗取的用户的密码，并寄发电子邮件提醒信用卡数据被窃取的用户，若用户有在其他网站使用相同的账号密码，建议赶快更新密码。对于那些信用卡数据疑似被盗取的用户，Adobe 公司表示将会免费提供使用一年的信用卡监管程序。Adobe 公司表示，已经通知法律机构来调查这件事情，希望可以早日抓到整起事件的幕后黑手。

2. 事件后续发展

Adobe 公司在 2013 年 10 月晚些时候进行了估算，黑客窃取的信息中包括 3800 万"活跃用户"的 ID 和密码，黑客还暴露了用户借记卡和信用卡信息。2015 年 8 月的一项协议要求 Adobe 公司支付 110 万美元的法律费用，并向用户支付赔偿，金额数量未公开，以解决违反《客户记录法》和不公平商业行为的指控。据报道，截至 2016 年 11 月支付给用户的赔偿金额为 100 万美元。

最终，Adobe 公司承认此次事件中黑客窃取了超过 1.53 亿个用户的数据。被窃数据被在线转储，而用户密码几乎被立即破解并恢复为纯文本格式。

3. 事件花絮

"Have I Been Pwned?" 网站于 2013 年 12 月启动，其成立理念是为用户提供一种简单的方法来检查他们是否受 Adobe 数据泄露的影响。

该网站允许用户查看其用户名或电子邮件是否包含在泄露的数据中。目前，该网站包含来自 410 多个被黑客入侵过的网站的数据库，以及超过90 亿个账户的信息。这个网站被部署在 Firefox、密码管理器、公司后端，甚至某些政府系统中。该网站由澳大利亚安全专家 Troy Hunt 管理，为改善全球组织的安全状况做出了巨大贡献。

第 5 章

数据安全的组织管理与政策法规

本章将深入探讨数据安全的组织管理，并对企业数据安全政策的制定要点及数据安全标准进行国内外对比。对于企业而言，如何构建一套有效的数据安全治理体系，既是应对外部威胁的必要手段，也是保障自身核心竞争力的关键。本章介绍了数据安全治理框架的组成、职责及实践案例，强调了数据安全培训与提升员工安全意识的重要性及措施，概述了国内外数据安全法律法规的要点与影响，并结合实践案例，为读者提供全面的理解和应用指导。

5.1 数据安全治理框架

5.1.1 数据安全治理框架的详细组成与各自职责

数据安全治理框架的详细组成包括数据安全治理策略与规范、数据安全组织架构、数据安全风险评估与管理、数据生命周期管理、数据安全培训与教育、数据安全审计与合规性检查等部分。每个部分都有其特定的职责和功能，共同确保组织数据的安全性和合规性。

1. 数据安全治理策略与规范

数据安全治理策略与规范是数据安全治理框架的基础。它定义了组织对数据安全的期望和承诺。这一部分包括制定数据保护政策、定义数据安全标准、明确数据处理流程等。其职责是确保所有相关者都明确了解数据安全的重要性和相关的规定。

2. 数据安全组织架构

数据安全组织架构是实施治理策略的关键。它通常包括一个跨部门的数据安全委员会或团队，负责制定数据安全的策略、监控实施情况并报告成果。数据安全委员会或团队还需与其他关键业务部门建立紧密合作关系，以确保数据安全要求得到全面满足。

3. 数据安全风险评估与管理

数据安全风险评估与管理是识别、评估、监控和应对数据安全风险的过程。其职责包括定期进行风险评估、制定风险缓解措施、建立安全事件响应机制等。通过有效的风险评估和管理，组织可以及时发现潜在的安全威胁，并采取相应措施加以应对。

4. 数据生命周期管理

数据生命周期管理涵盖了数据的创建、存储、使用、共享和销毁等整个数据生命周期过程。其职责是确保数据在每个阶段都得到适当的保护，包括实施数据加密、访问控制、数据备份和恢复等措施。此外，数据生命周期管理还包括确保数据的合规性和隐私性，以满足相关法规和政策的要求。

5. 数据安全培训与教育

数据安全培训与教育是提高员工数据安全意识和技能的重要手段。通过定期的培训和教育活动，员工可以了解数据安全的最新动态、掌握基本的安全防护技能，并在日常工作中积极践行数据安全要求。数据安全培训与教育还包括制订培训计划、设计培训课程、评估培训效果等。

6. 数据安全审计与合规性检查

数据安全审计与合规性检查是评估组织数据安全治理效果的重要手段。通过定期的审计和检查活动，可以发现数据安全治理过程中存在的问题和不足，并及时采取改进措施。此外，数据安全审计还可以确保组织的数据安全实践符合相关法规和政策的要求，避免因违规操作而带来法律风险。

5.1.2　数据安全治理的实践案例

本小节介绍一个详细的数据安全治理实践案例，展示如何在实际场景中运用上述数据安全治理框架的各个组成部分。

近年来，一家大型医疗机构面临着不断增大的数据安全挑战，包括患者信息泄露和医疗数据非法获取等问题。为了提高数据安全水平，该机构决定构建一套完善的数据安全治理体系。

该机构成立了专门的数据安全管理委员会，由医院领导层成员担任主席，并配置了专业的信息安全人员。这个委员会的职责包括制定和执行数据安全策略，监督各项安全措施的有效实施。同时，该委员会与其他部门保持密切沟通，以确保数据安全策略与业务需求保持一致。

该机构全面梳理并更新了现有的数据安全策略，明确了医疗数据的分类和分级标准，制定了严格的访问控制和身份验证要求；加强了数据加密和传输安全标准，确保数据在传输和存储过程中的安全性；针对医疗信息系统的特点，制定了详细的应用安全标准，以防范潜在的安全风险。

在员工培训方面，该机构定期组织数据安全意识和技能培训，采用线上线下相结合的方式，普及数据安全的基本概念和重要性，以提升员工的安全意识；针对特定岗位的员工，如系统管理员和数据库管理员，提供专业培训，增强这些员工的专业技能和安全防范能力；定期进行模拟演练，提高员工在应对数据安全事件时的反应速度和处置能力。

为及时发现和应对数据安全事件，该机构建立了完善的风险评估和监控机制，通过先进的安全技术和工具，对医疗信息系统进行实时监控和日志分析，快速识别并处理异常事件；定期进行风险评估和漏洞扫描，以发现潜在的安全威胁，并采取相应的防范措施；与外部安全专家和相关机构紧密合作，共同应对数据安全挑战。

在合规与审计方面，该机构定期开展内部审计和外部认证，严格审查数据安全策略、标准和流程的合规性，确保各项措施有效落实；对患者信息保护和医疗数据使用等方面进行全面的合规性审查和监督；与外部审计机构和监管机构紧密合作，不断完善数据安全治理体系，以确保满足所有合规性要求。

从上述实践案例中可以看出，一个全面的数据安全治理体系需要以下关键因素的共同作用：领导层的支持、专业的团队、明确的策略和标准、有效的培训和意识提升机制，以及持续的风险评估和监控措施。这些要素相互关联、相互促进，形成一个有机整体，为组织的数据安全提供坚实的保障基础。

5.2　数据安全政策与标准的制定

5.2.1　数据安全政策的制定要点

在当今信息化和数字化高度普及的时代，数据已成为企业的核心资产。然而，随着数据量的迅速增长，数据安全问题愈发突出。为确保企业数据的安全性，制定一套全面的数据安全政策至关重要。下面详细介绍企业数据安全政策的制定要点。

1. 明确数据安全目标和原则

在构建数据安全治理框架时，首要任务是明确数据安全的目标和原则。数据安全的目标旨在确保数据的机密性、完整性和可用性，以防止数据被未经授权的访问、篡改或破坏。

为了实现这些核心目标，必须确立一系列指导数据安全政策制定和实施的基本原则。

（1）合规性原则。

合规性原则是其中的关键。这意味着数据安全政策必须与国家法律法规、行业标准及企业内部规章制度保持一致，确保企业的数据处理活动始终在合法合规的框架内进行。

（2）预防性原则。

预防性原则强调了在数据安全治理中采取预防措施的重要性。通过运用先进的技术和管理手段，可以主动降低数据泄露、损坏等风险，确保数据在存储、传输和使用过程中的安全。

（3）责任明确原则。

责任明确原则要求在数据安全治理中确定各级管理者和操作人员的

职责和权限。通过明确的责任分工，可以确保数据安全责任得到有效落实，减少因责任不清而导致的安全风险。

（4）持续改进原则。

持续改进原则要求数据安全政策随着技术发展和威胁环境的演变不断更新和完善。需要密切关注新技术和新威胁的出现，及时调整和优化数据安全政策，以确保其始终能够适应不断变化的安全需求。

通过明确数据安全目标和原则，并贯彻这些原则于数据安全政策的制定和实施中，可以为企业构建一个坚实的数据安全治理框架，为企业的数字化转型提供有力保障。

2. 组织架构和职责分配

为了保障数据安全政策的有效执行，需构建完善的组织架构，并明确各级人员的责任。首先，企业应设立专职的数据安全管理部门或指定数据安全主管，负责制定、监督和执行数据安全政策。同时，各部门应明确其数据安全职责，形成协同作战的局面。具体职责分配如下。

高层管理人员负责制定数据安全战略，审批数据安全政策，提供资源支持，并监督政策执行情况。

数据安全管理部门或负责人负责协调数据安全政策的制定，并组织各部门执行政策；负责处理数据安全事件，并及时向高层管理人员报告工作进展。

各部门负责人负责本部门内的数据安全事务，监督员工遵守数据安全政策，及时处理任何数据安全问题。

员工应遵守数据安全政策，维护企业数据的安全性和完整性。

3. 数据分类与保护

企业数据种类繁多，不同数据的重要性和敏感性也不同。因此，需要对数据进行分类，并根据分类结果采取不同的保护措施。通常可将数据分为公开数据、内部数据、机密数据三类，可参考图 5.1 中的标准进行数据分类。

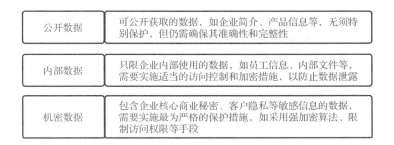

<table>
<tr><td>公开数据</td><td>可公开获取的数据，如企业简介、产品信息等，无须特别保护，但仍需确保其准确性和完整性</td></tr>
<tr><td>内部数据</td><td>只限企业内部使用的数据，如员工信息、内部文件等，需要实施适当的访问控制和加密措施，以防止数据泄露</td></tr>
<tr><td>机密数据</td><td>包含企业核心商业秘密、客户隐私等敏感信息的数据，需要实施最为严格的保护措施，如采用强加密算法、限制访问权限等手段</td></tr>
</table>

图 5.1　数据分类标准

对于不同类别的数据，应采取以下保护措施。

（1）对于公开数据，无须特殊的保护措施，但应确保数据的准确性和完整性；可以进行基本的访问控制和审计追踪，以监控数据的使用情况。

（2）对于内部数据，实施访问控制策略，确保只有授权人员可以访问；使用数据加密技术来保护数据的机密性；定期进行安全审计和风险评估，以识别潜在的安全威胁。

（3）对于机密数据，严格限制访问权限，确保只有经过身份验证和授权的人员可以访问；使用强加密算法对数据进行加密，确保数据在传输和存储过程中的安全性；实施多层次的身份验证和访问控制机制，如双因素认证、角色访问控制等；定期进行安全培训和意识提升活动，增强员工对机密数据保护的认识和重视程度。

4.　风险评估与管理

数据安全风险评估是确保企业数据安全政策有效制定和执行的关键环节。企业应当定期进行全面的数据安全风险评估，以识别并应对潜在的威胁和漏洞。在评估过程中，应重点考虑以下几个方面。

（1）技术漏洞。

技术漏洞是数据安全的严重隐患。企业应仔细审查其系统、应用程序和网络环境，发现潜在的安全漏洞，并立即采取措施修复已知的漏洞，以防止数据泄露或被非法访问。

（2）人为因素。

人为因素也是数据安全不可忽视的一环。企业应评估员工的数据安全认知水平和技能状况，通过加强培训和提升安全意识，确保员工能够遵守数据安全规范，减少因人为失误导致的数据安全风险。

（3）外部威胁。

外部威胁（如网络攻击、恶意软件等）也是企业数据安全面临的重要挑战。企业应重视这些外部威胁，并采取相应的防范措施，如建立防火墙、使用安全加密技术等，以确保数据的安全性和完整性。

基于风险评估的结果，企业应制定相应的风险应对措施。

（1）建立数据备份与恢复计划，确保在数据发生丢失或损坏时能够迅速恢复，减少业务中断的影响。

（2）制订灾难恢复计划，以应对自然灾害、人为破坏等突发事件导致的数据安全问题，确保企业能够快速恢复业务运营。

（3）建立安全事件响应机制，明确应急响应团队和程序，以便在发生安全事件时能够迅速响应，降低可能造成的损害。通过定期的数据安全风险评估和相应的风险应对措施，企业能够更好地保护其数据安全，确保业务的稳定运行和赢得客户的信任。

5. 合规性与法律遵循

在合规性方面，企业在制定数据安全政策时，必须确保符合相关法律法规的要求，包括国家层面的法律法规以及行业标准和规范。举例来说，《中华人民共和国个人信息保护法》《中华人民共和国网络安全法》等法规都对数据处理活动提出了明确的要求。企业应紧密关注法律法规的更新动态，及时调整和完善数据安全政策，以确保合规性。在全球化的背景下，企业还需考虑国际通行的数据安全做法，如欧盟颁布的《通用数据保护条例》（GDPR）等，以确保跨境数据流动的安全合规。

在法律遵循方面，企业应根据数据类型进行分类，并给予不同的审批、存储、处理和使用权限，确保遵循信息最小化原则。这有助于降低数据泄露的风险，并确保数据使用的合法性。企业应选择信誉良好的第三方服务商进行数据存储，并从物理层面到网络层面加强数据保护。这包括使用加密技术、制定访问控制策略、定期备份等措施，以确保数据的完整性和可用性。企业应建立严格的身份鉴别和访问控制机制，限制数据访问权限，杜绝非法访问和泄露。同时，建立日志审核机制，及时发现数据安全事件，并进行紧急处理和修复。企业应向员工普及数据安全知识和风险意识，开展相关培训，并将数据安全要求纳入业绩考核。这有助于提升员工的安全意识，减少人为因素导致的数据安全事件。

6. 监督与审核

为确保数据安全政策的有效执行，企业需要建立数据安全监督机制，定期对数据安全政策的执行情况进行审核。审核内容如下。

（1）审查各部门和员工是否严格遵守数据安全政策。

（2）评估现有技术防护措施的效力，及时发现并修复安全漏洞。

（3）检验员工培训效果，通过测试和模拟演练等方式，检验员工的数据安全认知和技能水平。

根据审核结果，企业应及时调整和完善数据安全政策，确保政策的适用性和实际效果。同时，对于违反数据安全政策的行为，应依法依规进行处理，以示警诫。

5.2.2　数据安全标准的国内外对比与借鉴

在数据安全领域，国内外都已经制定了一系列的标准和规范，以指导企业确保数据安全。下面将对国内外的数据安全标准进行简要对比，并提出一些可资借鉴的建议。

1. 国内数据安全标准

我国高度重视数据安全标准化工作，已经制定了一系列与数据安全相关的标准。例如，国家标准《信息安全技术　数据安全能力成熟度模型》（GB/T 37988—2019）为企业提供了指导，帮助其评估和提升数据安全能力；《信息安全技术　个人信息安全规范》（GB/T 35273—2020），对个人信息的保护提出了具体要求。

国内数据安全标准的特点在于，强调对数据全生命周期的管理，涵盖了数据的采集、存储、处理、传输和销毁等方面。这些标准还重视对数据的分类保护，根据数据的重要性和敏感性采取不同的保护措施。

2. 国际数据安全标准

在国际上，也存在着许多著名的数据安全标准。例如，ISO/IEC 27001：2022 信息安全管理体系标准提供了一套综合的信息安全管理方法，涵盖了数据安全策略、组织、技术、操作等多个方面；欧盟颁布的《通用数据保护条例》（GDPR）对个人数据的处理和保护提出了严格要求，违反者将面临严重处罚。

国际数据安全标准的特点在于，关注数据的合法性和透明度，强调保护数据主体的权益。这些标准还着重考虑全球范围内的数据流动和跨境数据传输问题。

3. 国内外数据安全标准的借鉴与启示

在数据安全领域，国内外已经形成了一系列成熟的标准和最佳实践。企业要想确保数据的安全，必须充分借鉴这些标准和经验。首先，企业应注重数据的全生命周期管理，从数据的收集、存储、处理到销毁的每一个环节，都应建立健全的管理体系，确保数据在每个阶段都能得到充分的保护。其次，强化数据分类保护至关重要。企业应根据数据的敏感程度和业务关键性，实施差异化的安全措施。对于高度敏感的数据，应采用加密技术，并在存储和传输过程中严格限制访问权限。

随着全球化的深入发展，企业还需密切关注国际数据保护的最新动态。这不仅可以确保企业的数据安全政策与国际接轨，避免因不符合国际标准而带来的法律风险，还能使企业更好地参与全球竞争。此外，建立数据安全监督机制是确保数据安全政策得到有效执行的关键。企业应定期审查数据安全政策的执行情况，并根据审查结果及时修改和完善政策，以确保其适应不断变化的业务环境和应对层出不穷的安全威胁。

综上所述，企业应通过吸收国内外数据安全标准的精华，结合自身的实际情况，制定并实施定制化的数据安全政策。这将有助于企业有效地保护自身和客户的数据安全，降低可能面临的法律风险，并在激烈的市场竞争中保持竞争优势。

5.3　数据安全培训与意识提升

在数字化时代，数据已经成为企业宝贵的核心资产之一。然而，随着数据量的不断增长和数字化程度的加深，数据安全问题也日益凸显。数据泄露、黑客攻击等事件频发，给企业带来了巨大的经济损失和声誉损害。因此，加强数据安全培训和提升员工的数据安全意识显得尤为重要。下面将详细探讨数据安全培训的内容与方法，以及提升员工数据安全意识的具体措施。

5.3.1　数据安全培训的内容与方法

1. 数据安全培训的内容

（1）在基础知识培训方面，要向员工普及数据安全的基本概念，解释其重要性以及与企业运营和个人隐私的紧密联系；介绍国内外关于数据保护的法律法规，如欧盟颁布的《通用数据保护条例》（GDPR），让员工深刻理解合规操作的必要性；简要介绍密码学基础，帮助员工了解数据加密在数据安全中的关键作用。

（2）在技术安全培训方面，侧重于网络安全协议、防火墙与入侵检测系统及安全软件工具等方面的内容。通过详细阐述 HTTPS、SSL 等安全通信协议的运作原理和适用范围，帮助员工理解这些协议在数据传输安全中的作用。同时，介绍企业网络架构中的安全防护措施，如防火墙、入侵监测系统等，培训员工如何识别和应对外部攻击。此外，培训员工正确使用防病毒软件、反间谍软件等安全软件工具，强调这些工具在保护企业数据安全中的作用。

（3）在操作规范培训方面，侧重于数据分类与存储、数据传输安全及数据销毁流程。指导员工根据数据的敏感程度和重要性进行分类，并教授他们如何选择适当的存储方式和位置。强调在数据传输过程中应采用安全通道和加密技术，确保数据不被截取或篡改。同时，确立数据销毁的标准和程序，确保敏感数据在不再需要时能够被完全且安全地销毁。

（4）在应急响应培训方面，重点向员工介绍企业的紧急响应计划，包括在发生数据泄露等安全事件时应采取的具体步骤和应对措施。规定员工在发现数据安全事件后的报告流程和责任，以确保事件得到及时、有效的处理。

2. 数据安全培训的方法

（1）课堂讲授与互动。邀请专业的数据安全讲师进行面对面授课，结合演示文稿、视频等多媒体材料，通过生动的案例和实例，形象地展示数据安全的重要性和实践方法。同时，鼓励员工积极提问和参与讨论，借助小组讨论、角色扮演等形式，促进员工之间的互动和交流，深化员工对数据安全知识的理解和应用。

（2）案例分析与实践操作。通过深入分析真实的数据安全案例，让员工深刻认识数据泄露所带来的严重后果，进而明白数据安全的重要性。同时，引导员工探讨如何避免类似事件的发生，培养他们的数据安全意识和应对能力。此外，组织员工参与模拟演练活动，如模拟数据泄露应急响应，通过实际操作，提升员工在面对紧急情况时的应对能力和处理效率。这些举措将有助于加强员工对数据安全的理解和应对能力，提高企业整体的数据安全水平。

（3）在线学习与自测。借助在线学习平台，可以向员工提供更加丰富多样的数据安全相关课程和学习资料，也方便员工随时随地进行学习。通过设置自测题目和考试，可以全面评估员工的学习效果，及时发现薄弱环节，并有针对性地进行加强训练和指导。这种个性化的学习方式不仅提高了学习的灵活性和便捷性，也有效促进了员工对数据安全知识的掌握和理解。同时，员工在完成在线学习的过程中，还可以通过讨论区和互动平台与他人交流学习心得，促进彼此的进步。

（4）小组讨论与分享。促进员工间的交流和分享是提高数据安全意识的有效途径之一。企业可以组织员工进行小组讨论，让他们分享在工作中遇到的数据安全问题以及各自的解决方案。通过这种方式，员工可以从彼此的经验中学习，了解不同情况下的最佳实践，并共同探讨解决方案。这种互相学习和交流的过程不仅有助于加深员工对数据安全问题的理解，还能够提升他们的实际操作能力和问题解决能力。此外，通过小组讨论，还可以促进团队之间的合作和沟通，营造积极向上的学习氛围，共同推动数据安全意识的提升。

5.3.2　提升员工数据安全意识的措施

除了前述的数据安全培训，还可采取以下措施进一步提升员工的数据安全意识。

1. 制定并执行严格的数据安全政策

企业应建立清晰的数据安全政策，并确保所有员工了解和遵守这些政策。政策应包含数据处理规范、访问控制要求、数据备份和恢复程序等内容。企业可以通过以下方式来确保政策的执行。

（1）定期审查和更新政策。随着科技的进步和环境的不断演变，数据安全政策必须跟进以迎合新的挑战。企业应定期审查和更新政策，以确保其与最新的法规要求和安全标准保持一致。

（2）强化政策宣传和培训。借助内部宣传、培训和演练等手段，确保员工充分了解和遵守数据安全政策是至关重要的。企业可以定期举办政策宣讲会，向员工阐述政策的重要性和具体要求，并提供必要的培训和指导。

（3）建立监督和反馈机制。企业应建立专门的监督机构或指派专职监督人员，负责监督数据安全政策的执行情况，并及时反馈问题和改进建议。同时，鼓励员工积极提出政策执行中的问题和建议，以便不断完善和优化政策。

2. 定期开展数据安全宣传活动

通过企业内部各类渠道，如网站、公告板、电子邮件等，定期发布与数据安全相关的文章、案例和提示信息。这些宣传活动可采用多种形式。

（1）举办安全月活动。将某个月份定为"数据安全月"，期间组织各种宣传活动，如讲座、研讨会等，以提高员工对数据安全的关注度。

（2）开展模拟攻击演练。举办模拟黑客攻击活动，让员工亲身体验数据被窃取或破坏的严重后果，以加深他们对数据安全的认识。

（3）举办知识竞赛与奖励活动。举办数据安全知识竞赛，通过答题、抢答等方式考查员工的数据安全知识水平，并对表现出色的员工给予奖励，以激励员工学习的积极性和加强对数据安全的关注。

3. 建立奖惩机制

为了激励员工积极参与数据安全工作并严格遵守相关规定，企业应建立明确的奖惩机制。

（1）设立数据安全奖励基金。对于在数据安全方面做出杰出贡献的员工，应当给予物质和精神上的奖励，如奖金、荣誉证书等。这不仅可以激励其他员工向他们学习，还可以促进员工积极参与数据安全工作。

（2）对违规行为进行处罚。对于违反数据安全规定的员工，应当给予适当的处罚，如警告、罚款，甚至解除劳动合同等。这样的处理可以起到警示作用，让员工明白违反规定可能带来的严重后果。

（3）公开透明地处理违规事件。当发生数据安全违规事件时，企业应以公开透明的态度处理并通报相关情况。这有助于员工认识到企业对数据安全问题的高度重视和积极应对态度，从而增强员工的信任感和对企业的归属感。

4. 提供持续的安全培训与教育

当发生数据安全违规事件时，企业应当以公开透明的方式处理，并及时通报相关情况。这样做有助于展示企业对数据安全问题的高度重视，以及解决问题的决心，从而提升员工对企业的信任度和认同感。

（1）制订培训计划与课程。依据员工的职责和岗位特点，制订个性化的培训计划和课程。这样做可以确保培训内容与员工的实际工作密切相关，提升培训的实用性和操作性，从而更有效地提升员工的数据安全意识和技能水平。

（2）引入外部专家进行培训。邀请行业内资深的数据安全专家进行授课或主持研讨会等活动。他们将分享最新的行业趋势和实战经验，为员工提供宝贵的知识和见解，帮助员工拓宽视野，提升专业水平。

（3）建立在线学习平台。借助现代信息技术，建立在线学习平台，为员工提供灵活便捷的学习途径。员工可以根据个人时间安排自主学习，随时获取新知识和技能。

5. 鼓励员工参与安全实践与创新

企业应激励员工积极参与数据安全实践和创新活动，以提升他们的实际操作技能和创新意识。可通过以下方式鼓励员工参与安全实践与创新。

（1）组织实践项目与团队活动。创建实践项目或团队活动，让员工亲身参与数据安全工作。通过实际操作和积累实践经验，提升他们的数据安全意识和技能水平。

（2）设立创新奖励机制。对于提出创新性建议或解决方案的员工，给予奖励和支持，以鼓励其创新精神和为企业数据安全工作贡献更多力量。

（3）定期评估与反馈。定期对员工的数据安全实践与创新成果进行评估和反馈，以及时发现并解决问题，同时推广优秀的经验和做法，促进整个团队的不断进步。

综上所述，通过制定并执行严格的数据安全政策、定期开展数据安全宣传活动、建立奖惩机制、提供持续的安全培训与教育，以及鼓励员工参与安全实践与创新等措施，可以有效地提升员工的数据安全意识，确保企业数据的安全性和完整性。

5.4 国内外数据安全法律法规概述

5.4.1 国际数据安全法律法规要点与影响

1. 国际数据安全法律法规的要点

国际数据安全法律法规在不同国家与地区均扮演着至关重要的角色，为保护数据与隐私权益提供了坚实的法律基础。

（1）欧盟的《通用数据保护条例》。

欧盟的《通用数据保护条例》（General Data Protection Regulation，GDPR）不仅是一项法规，更是对数据保护理念的全面体现。GDPR 明确了数据主体的多项权利，如访问、更正、删除（"被遗忘权"）、限制处理、数据携带、反对自动化决策等，确保个人对其数据的全面掌控。同时，GDPR 规定了数据处理必须遵循的合法性、公平性和透明性原则，强调数据的最小化处理和准确性。对于跨境数据传输，GDPR 设立了严格的限制和要求，以确保数据传输的合法性和安全性。此外，数据处理者在进行可能带来高风险的数据处理前，需进行数据保护影响评估（Data Protection Impact Assessment，DPIA），以评估并减轻潜在的数据安全风险。在特定情况下，数据处理者还需指定数据保护官（Data Protection Officer，DPO）来监督和确保数据处理的合规性。

（2）美国的《加州消费者隐私保护法案》。

美国的《加州消费者隐私保护法案》（California Consumer Protection Act，CCPA）则专注于保护居民的隐私权利。它赋予消费者了解其个人信息何时被收集、出售或共享的权利，并允许他们要求删除其个人信息。消费者还有权选择不将其个人信息出售。根据 CCPA，企业需要清晰地告知消费者其数据的收集、使用和共享情况，并尊重消费者的数据权利请求。违反 CCPA 的企业可能会面临罚款，消费者也有权提起诉讼寻求赔偿。

（3）加拿大的《个人信息保护与电子文件法》。

加拿大的《个人信息保护与电子文件法》（Personal Information Protection and Electronic Documents Act，PIPEDA）是加拿大关于个人信息保护的核心法律。它规定了组织在收集、使用和披露个人信息时必须遵循的十项公平信息原则，确保个人信息的合理和合法处理。PIPEDA 还设立了一个独立的隐私保护机构，负责处理与 PIPEDA 相关的投诉并进行调查。对于跨境数据传输，PIPEDA 要求组织在传输数据前确保接收方的数据保护水平相当。

这些法律法规共同构成了国际数据安全与隐私保护的法律框架，为数据的安全与合规处理提供了重要保障。

2. 国际数据安全法律法规的影响

国际数据安全法律法规的实施在全球数据处理和隐私保护领域产生了深远的影响。

（1）它显著提升了数据主体的权利意识，让人们更加关注其数据被如何处理和使用，要求企业和组织以更加透明和负责任的方式处理个人数据。

（2）这些法规为全球数据处理设定了统一且严格的标准，迫使企业改进数据处理流程，确保合规性，从而规范了全球数据处理行为。

（3）随着数据跨境流动日益频繁，国际数据安全法律法规的实施加强了各国之间的数据合作和监管协调，有助于形成更加统一和有效的全球数据治理体系。

然而，这些法律法规的实施也增加了企业的合规成本，企业需要投入更多资源以满足法律法规要求，包括聘请专业人员、进行安全审计及改进数据处理技术等。但这也推动了隐私保护技术的创新，企业开始积极研究新的隐私保护技术，如差分隐私、联邦学习等，以更好地遵守法律法规要求并降低合规成本。

5.4.2　国内数据安全法律法规体系与解读

1. 国内数据安全法律法规体系

近年来，我国在数据安全领域建立了全面的法律法规框架，主要包括《中华人民共和国网络安全法》《中华人民共和国数据安全法》和《中华人民共和国个人信息保护法》等。

（1）《中华人民共和国网络安全法》。

《中华人民共和国网络安全法》是我国网络安全领域的基础法律，对数据安全也有详细规定。它是为了加强网络安全管理、保障网络空间主权、维护国家安全、社会公共利益和公民合法权益而制定的一部重要法律。其立法目的包括：保障网络安全，维护网络空间主权和国家安全；保护公民、法人和其他组织的合法权益；促进经济社会信息化的健康发展。其主要内容包括国家网络安全战略与规划、个人信息保护、网络运营者安全义务、网络安全监督管理等方面。在数据安全方面，《中华人民共和国网络安全法》要求网络运营者采取技术措施和其他必要措施，如数据收集与使用中的合法、正当、必要原则，以及告知与同意原则，以确保网络的安全和稳定运行，有效应对网络安全事件，预防网络违法犯罪活动，保护网络数据的完整性、保密性和可用性。

（2）《中华人民共和国数据安全法》。

《中华人民共和国数据安全法》是我国首部专门关注数据安全的法律，其颁布目的是规范数据处理活动，保障数据安全，促进数据的开发利用，保护个人、组织的合法权益，维护国家主权、安全和发展利益。主要内容涵盖数据安全与发展、数据安全制度、数据安全保护义务、政务数据安全与开放、法律责任等方面，其指明了数据安全保护原则，即数据处理活动应当坚持数据安全与发展并重的原则，确保数据依法、有序、自由流动。该法建立了系统的数据安全保护机制，强调数据分类分级管理、数据安全风险评估和应急处置、重要数据出境安全管理等制度，旨在全面提升国家数据安全保障能力，促进数据的安全、有序开发和利用。

（3）《中华人民共和国个人信息保护法》。

《中华人民共和国个人信息保护法》旨在维护个人信息权益，规范个人信息处理活动，促进个人信息的合理利用，保障个人信息在处理过程中的安全，其立法依据是宪法。该法规定了个人信息的处理原则、处理规则、跨境传输、权益保护等方面内容。其主要内容包括个人信息处理规则、个人信息跨境提供的规则、个人在个人信息处理活动中的权利、个人信息处理者的义务、履行个人信息保护职责的部门、法律责任等。法律赋予个人更多的数据权利，包括知情权、决定权、查询权、更正权、删除权等，并对个人信息处理者提出了严格的合规要求。该法建立了系统的个人信息保护机制，确保个人信息在处理过程中的合法性、安全性和透明性，保护个人信息主体的各项权利，规范个人信息处理者的行为。

2. 国内数据安全法律法规解读

（1）强化数据安全保护义务。国内数据安全法律法规强调了数据处理者的安全保护义务。企业需要建立完善的数据安全管理制度和技术防护措施，确保数据的保密性、完整性和可用性。同时，定期进行数据安全风险评估和监测，及时发现和处置数据安全事件。这些举措有助于降低数据泄露和滥用的风险，保护个人隐私和企业利益。

（2）加强个人信息保护。随着信息化的发展，个人信息保护日益受到关注。《中华人民共和国个人信息保护法》的实施使得个人信息的保护得到了法律层面的明确和规范。企业需要获得个人的明确同意才能处理其个人信息，且必须遵循合法、正当、必要原则。此外，个人还有权要求企业更正、删除其个人信息。这些规定有助于保护个人隐私权益，防止个人信息被滥用和泄露。

（3）促进数据合理利用。在保护个人隐私和数据安全的前提下，国内数据安全法律法规也鼓励数据的合理利用。企业需要在遵守法律法规的前提下，探索数据的价值和应用场景。通过数据挖掘和分析等技术手段，发现数据中的潜在价值和关联关系，为企业的决策和创新提供支持。这有助于推动数字经济的发展和提升创新能力。

（4）加大违法处罚力度。为了确保数据安全法律法规的有效实施，相关法规加大了对违法行为的处罚力度。违反数据安全法律法规的企业将面临罚款、吊销营业执照等严厉的处罚措施。同时，对于造成严重后果的违法行为，还可能涉及刑事责任。这有助于督促企业严格遵守数据安全法律法规，切实保护个人隐私和数据安全。

3. 国内数据安全法律法规的实施与挑战

自《中华人民共和国网络安全法》《中华人民共和国数据安全法》和《中华人民共和国个人信息保护法》等法律法规颁布以来，我国的数据安全保护得到了显著加强。政府部门加大了对数据安全的监管力度，企业也更加注重数据安全管理和隐私保护。与此同时，随着技术的持续进步，数据安全防护措施也在不断更新和完善。

尽管国内数据安全法律法规体系已经相对完备，但在实践中仍然遭遇一系列挑战。

（1）随着技术的迅速演进和数字化转型的加速，新的数据安全风险和挑战也不断涌现。

（2）企业在追求数据价值的同时，如何在数据利用和隐私保护之间找到平衡成为一项艰巨任务。

（3）跨境数据传输和共享也面临着多方面的法律和监管障碍。

为了克服这些挑战，政府、企业和个人需共同努力。政府应进一步强化数据安全监管和执法力度，完善相关法规和政策。企业应建立健全数据安全管理制度和技术防护措施，提升员工对数据安全的认识。个人也应增强自我保护意识，小心处理个人信息。

综上所述，国内外的数据安全法律法规在保护个人隐私和数据安全方面发挥了重要作用。然而，随着技术的不断进步和数字化转型的加速，数据安全依然面临着许多挑战。为了迎接这些挑战，政府、企业和个人需要通力合作，加强合作与沟通，共同努力维护数据安全和个人隐私权益。

5.5　案例：Facebook 公司因违反
数据保护法规而受处罚

近年来，数据安全与隐私保护成为企业经营中不可忽视的关键要素，特别是在全球范围内数据保护法规日益严格的背景下。一个突出的案例是 Facebook 公司因违反数据保护法规而受到的处罚，强调了合规性和组织管理的重要性。

2018 年，Facebook 公司卷入了震惊全球的"剑桥分析丑闻"。剑桥分析公司通过不正当手段获取了约 8700 万个 Facebook 平台用户的个人数据，并利用这些数据进行政治广告投放，影响了包括美国总统选举在内的多个重大政治事件。这一事件揭示了 Facebook 公司在数据管理和隐私保护方面的严重缺陷。

事件曝光后，全球多个国家的监管机构开始对 Facebook 公司进行调查。2019 年 7 月，美国联邦贸易委员会（Federal Trade Commission，FTC）对 Facebook 公司处以创纪录的 50 亿美元罚款，这是 FTC 历史上针对隐私违规开出的最高罚单。此外，英国信息专员办公室也对 Facebook 公司处以 50 万英镑的罚款，这是根据英国当时适用法律所能开出的最高罚款金额。

Facebook 公司的违规行为主要体现在数据收集透明度不足、第三方访问控制不力和用户同意管理不当三个方面。Facebook 公司未能明确告知用户其数据的收集、使用和共享方式，违反了透明度原则。剑桥分析公司能够通过第三方应用轻易获取大量用户数据，反映出 Facebook 公司在第三方访问控制上的严重缺失。用户对数据使用的知情同意权未能得到充分保障，用户的隐私权被忽视。

Facebook 公司的案例中暴露出其在组织管理上的严重缺陷。内部管理机制的不足使得数据保护措施形同虚设。缺乏有效的内部监督和审计程序，未能及时发现和纠正数据泄露风险。此外，高层管理对数据隐私问题重视不够，导致整个公司在数据保护文化上的缺失。

　　面对监管压力和公众质疑，Facebook 公司采取了一系列措施以改善其数据管理和隐私保护机制。Facebook 公司承诺加强数据保护政策的透明度，改善用户隐私设置，增强对第三方应用的监管。同时，Facebook 公司成立了独立的数据保护委员会，直接向董事会报告，强化对数据隐私的监督和管理。

　　Facebook 公司因违反数据保护法规而遭受的处罚，深刻揭示了合规性和组织管理的重要性。在日益严格的全球数据保护法规环境中，企业必须高度重视数据保护合规，建立完善的内部管理机制，确保数据安全。企业需要明确数据保护政策和程序，确保所有数据处理活动符合相关法律法规的要求。透明的政策可以增强用户信任，避免法律风险。内部管理机制应包括定期审计和监控，及时发现和纠正数据安全漏洞。企业应建立强有力的内部监督机制，确保政策落实到位。

　　企业文化对数据保护的重视程度也至关重要。高层管理人员应以身作则，推动全员数据保护意识的提升。通过定期培训和教育，员工能够更好地理解和遵守数据保护法规，减少违规行为的发生。

　　企业在处理用户数据时，必须严格遵守相关法规，建立健全管理机制，增强员工的隐私保护意识。只有这样，企业才能在保护用户数据的同时，避免法律风险，维护企业声誉，推动业务的健康发展。

资料来源：剑桥分析事件落幕，Facebook 认罚 50 亿美元[EB/OL].
[2024-06-01]. https://cloud.tencent.com/developer/article/1622890.

第 6 章

数据安全的应急响应与灾难恢复

本章首先介绍了数据安全应急响应计划的制订与实施，包括其核心内容与流程，以及应急响应计划的演练与评估，介绍了应急响应计划的全过程，包括制定、实施、演练与评估，并阐述了灾难恢复策略的选择、制定及恢复流程。然后，讲解了数据安全事件的监测方法与工具，以及事件的处置流程与要点。最后，探讨了保障业务连续性的技术与管理措施，以确保在面对数据安全事件时能够有效应对，保护数据资产和保障业务正常运营。

6.1 应急响应计划的制订与实施

6.1.1 应急响应计划的核心内容与流程

1. 应急响应计划的核心内容

数据安全事件是指任何可能威胁数据保密性、完整性和可用性的不利事件，包括但不限于数据泄露、系统瘫痪、黑客攻击和病毒入侵等。

（1）对数据安全事件进行分类和定义。

为了有效应对数据安全事件，首先需要对它们进行准确的分类和定义，以便更好地理解其性质和采取有针对性的响应措施。

（2）建立应急响应团队。

为了确保应急响应的高效性，建立一个专业的应急响应团队至关重要。这个团队应由事件指挥官、技术专家、通信协调员和记录员等多个角色组成。事件指挥官负责全面领导应急响应工作，协调各方资源；技术专家负责深入分析事件原因并提出解决方案；通信协调员负责信息的及时传递和内外沟通；记录员则负责详细记录整个应急响应过程。

（3）确定初步响应流程。

在发现数据安全事件时，需遵循一套严格的初步响应流程。首先，需要确认是否确实发生了数据安全事件，并评估其性质和严重程度。一旦确认事件，立即向应急响应团队报告，确保所有相关人员及时知晓事件详情。然后，采取措施隔离事件，防止其扩散，以减少损失。在初步分析阶段，对事件进行初步分析，确定其原因和影响范围。

（4）技术分析。

在初步分析的基础上进行深入的技术分析。这包括事件溯源，以追踪事件来源并了解其发生的具体过程；系统分析，以识别受影响的系统中的漏洞和弱点；影响评估，以评估事件对业务、数据和客户的影响程度。根据深入分析的结果采取相应的技术措施来处理事件并恢复系统的正常运行。这可能包括消除威胁，如清除恶意软件、关闭漏洞等；修复受损系统，确保其正常运行；以及从备份中恢复丢失或损坏的数据。

（5）总结与改进。

事件处理完成后进行总结与改进工作。这包括编写详尽的事件总结报告，记录事件处理的整个过程；组织经验分享会，确保所有团队成员了解事件的经过和处理方法；以及根据事件中暴露出的问题，提出改进措施，完善应急响应计划。这些工作可以不断提高应对数据安全事件的能力和效率。

2. 应急响应计划的流程

应急响应计划的流程如图 6.1 所示。

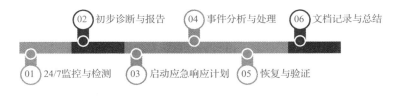

图 6.1　应急响应计划的流程

（1）24/7 监控与检测。

首先需要对网络和系统进行 24/7 监控与检测，过程中借助专业的安全系统和日志监控工具，以确保安全性。持续的监控和检测机制可以使应急响应团队在第一时间发现任何异常行为或潜在威胁，并迅速启动相应的警报机制。这样的举措不仅有助于保障网络和系统的安全，也提升了团队成员的应对能力，能够更快、更有效地应对潜在风险，从而保障数据的安全性和完整性。

（2）初步诊断和报告。

一旦监控系统发出警报，应急响应团队迅速展开初步评估，以确认是否发生了数据安全事件。如果初步判断有安全事件发生，应立即向相关领导和团队成员发出通报。这种快速的反应机制可以确保在关键时刻信息能够及时传递，为进一步的应对措施奠定了基础。这也体现了组织对数据安全问题的高度重视，以及对应急响应流程的严谨性和高效性的追求。

（3）启动应急响应计划。

若确认数据安全事件发生，应急响应团队即刻启动应急响应计划。根据计划中所分配的职责，各成员迅速进入相应的角色，展开响应工作。这种迅速而有序的响应机制，确保了团队在面对数据安全事件时的及时行动，最大程度地减少了潜在的风险和损失。同时，这也展现了团队成员对应急响应流程的深入理解和高效执行能力，在保障数据安全和系统稳定的同时，提升了组织的整体安全水平和信誉。

（4）事件分析与处理。

专业技术专家对事件进行深入分析，以查明其根本原因，并提出解决方案。与此同时，团队成员通力合作，共同处理事件，消除威胁，恢复系统和数据的正常运行。这种集体合作的努力，旨在最大程度地减轻事件带来的影响，并确保业务运营的连续性和数据的安全性。

（5）恢复与验证。

在处理完事件后，团队成员应验证系统和数据的完整性，确保已完全恢复正常运行。同时，重新部署安全措施，防止类似事件再次发生。

（6）文档记录与总结。

记录员应详细记录整个事件的处理过程，包括事件发生的时间、地点、原因、处理方法和结果等。这些记录对于事后的分析和总结至关重要。通过详细的记录，应急响应团队可以更深入地了解事件的发生和处理过程，从中汲取经验教训，改进应急响应计划和安全措施。同时，这些记录也为未来类似事件的应对提供了宝贵的参考和指导价值。

6.1.2　应急响应计划的演练与评估

为了确保应急响应计划的有效性和可行性，必须定期进行演练和评估。

1. 演练的目的和意义

演练的目的在于验证应急响应计划在实际操作中的效果，以提高团队成员的应急响应能力，发现并解决潜在问题。通过演练争取达到以下目标。

（1）验证应急响应计划在实际操作中的执行效果。

（2）增强团队成员对应急响应流程的了解和协作能力。

（3）发现应急响应计划中的缺陷和问题，并及时进行修正和改进。

2. 演练的步骤和注意事项

在准备和执行数据安全应急响应演练时，需要遵循一系列精心设计的步骤和注意事项，以确保演练的有效性和实用性。

（1）根据企业面临的实际风险，设计具有代表性的演练场景。这些场景应涵盖多样化的数据安全事件，以全面检验应急响应计划在实际操作中的有效性。

（2）在准备阶段，确保所有参与人员充分了解演练的目的、流程和各自的角色任务至关重要。此外，还需要准备必要的演练工具和资源，如模拟攻击工具、系统恢复软件等，以便在演练中模拟真实的数据安全事件。

（3）进入执行阶段，按照设计的场景进行模拟演练，并详细记录每个环节的执行情况。在演练过程中，应特别注重团队协作和沟通，确保信息能够迅速、准确地传递和处理。这有助于在实际发生数据安全事件时，团队成员能够迅速响应、有效协作。

（4）演练结束后，需要对整个演练过程进行全面评估。评估内容应包括响应速度、团队协作、技术措施等多个方面。同时，收集参与者的反馈意见，了解他们对演练过程和应急响应计划的看法和建议。这些反馈意见有助于发现应急响应计划中的问题和不足，为后续的改进提供依据。

（5）根据评估和反馈结果，总结演练的经验和教训，并提出改进措施。

这些改进措施应针对演练中发现的问题和不足，旨在完善和优化应急响应计划的内容。将改进意见纳入下一次的应急响应计划中，并持续进行迭代更新，以确保计划始终与企业的实际风险状况保持同步。通过不断地演练和总结改进，企业可以逐步提高其数据安全应急响应能力，为应对真实的数据安全事件做好充分准备。

3. 评估的要点和方法

为了确保数据安全应急响应演练的有效性，必须制定一套科学、全面的评估方法。评估的要点包括计划的完整性、响应速度、团队协作和技术有效性。

（1）计划的完整性。

评估计划的完整性，即评估计划是否覆盖了所有可能的数据安全事件类型，并提供相应的应对措施，同时检查计划是否包含了事件定义、职责分配、响应流程和恢复策略等关键内容。

（2）响应速度。

评估响应速度，即从发现安全事件到启动应急响应计划的时间是否合理，以及整个处理过程的效率。这可以通过模拟不同场景下的响应时间来进行量化评估。

（3）团队协作。

团队协作的评估侧重于团队成员之间的沟通、协调和任务执行能力，观察他们在演练中的表现，了解他们的协作流畅度和任务执行效率。

（4）技术有效性。

技术有效性评估聚焦于所采取的技术措施是否能够有效地消除威胁并恢复系统的正常运行，这包括审查技术措施的针对性和可行性，以及在实际操作中的效果。

评估方法可以采用问卷调查、专家评审、实际操作测试等多种方法，以获取全面、客观的评估结果。根据评估结果全面了解应急响应计划的优缺点，并为后续的改进指明方向。数据安全是企业必须高度关注的议题，而制定并执行有效的应急响应计划则是确保数据安全至关重要的一环。通过定期的演练和评估能够持续完善和优化应急响应计划，提升团队对数据安全事件的应对能力，从而为企业的数据安全提供更加坚实的保障。

6.2　灾难恢复的策略与流程

灾难恢复是确保在面对数据丢失、系统崩溃或业务中断等严重事件时，能够迅速、有效地恢复正常运行的关键环节。一个完善的灾难恢复策略与流程不仅涉及技术层面的应用，还需要考虑人员、资源、时间等多个方面的因素。下面对灾难恢复策略与流程进行深入探讨。

6.2.1　灾难恢复的策略选择与制定

在制定灾难恢复策略时，需要综合考虑其特点、业务需求、资源状况和风险承受能力。首先，应进行关键业务分析，明确对运营至关重要的业务流程，并据此设定合理的恢复时间目标（Recovery Time Objective，RTO）和恢复点目标（Recovery Point Objective，RPO）。这些目标将指导在发生灾难时如何迅速恢复业务运作和最小化数据损失。

在数据保护方面，应基于数据的重要性和变化频率选择适当的备份方式，如全量备份、增量备份或差异备份，并确定备份的频率、存储位置和保留期限。同时，技术选型与基础设施建设也至关重要，应选择高性能、高可靠性的存储设备和技术，如存储区域网络（Storage Area Network，SAN）、网络附加存储（Network Attached Storage，NAS）或分布式存储，并利用数据复制技术确保数据的冗余性和一致性。此外，虚拟化与云计算技术也可作为备份和恢复的扩展选项，增强系统的灵活性和恢复能力。

制定灾难恢复策略时，应遵循系统性、可操作性和灵活性的原则。项目启动后，需明确定义项目目标和预期成果，并从不同部门选拔人员组建项目团队。接着，通过风险评估和业务影响分析（Business Impact Analysis，BIA）来识别潜在风险并评估其对业务的具体影响。基于这些分析结果，初步拟定灾难恢复策略，并邀请外部专家进行评审和模拟测试。根据评审和测试结果，对策略进行调整和改进，并编写详细的灾难恢复计划文档。

经过相关部门的批准后，正式发布灾难恢复计划，并定期监控和评估其执行情况，根据业务发展、技术变革等因素进行更新和修订。这样就能拥有一套全面、有效的灾难恢复策略，以应对各种潜在的灾难风险。

6.2.2 灾难恢复的流程与关键步骤

灾难恢复的流程可分为准备、响应、恢复和验证四个阶段。每个阶段的详细步骤和注意事项如下。

1. 准备阶段

在准备阶段，应制订详尽的灾难恢复计划，并经过相关部门的审批后正式发布。同时，实施数据备份和复制策略，确保数据的完整性和可靠性。此外，定期对员工进行灾难恢复相关知识的培训，并通过模拟演练验证计划的执行效果。

2. 响应阶段

当灾难发生时，迅速进入响应阶段。利用先进的监控系统实时检测潜在风险，并对事件进行准确评估。一旦确定事件的严重性，立即通知相关团队成员和利益相关者，并启动灾难恢复计划。

3. 恢复阶段

进入恢复阶段后，首先进行数据恢复，确保从可靠备份中迅速恢复关键数据，并进行数据验证以确保其完整性和准确性。随后，系统环境得到重建，关键服务得以恢复，以确保业务的连续性和高效性。业务恢复后，重启核心业务流程并进行验证，确保各项业务流程均运行流畅。

4. 验证阶段

完成恢复后，进入验证阶段，对恢复后的系统进行全面的功能测试和性能测试，以确保系统的稳定性和高性能。同时，对业务流程进行验证和连续性评估，确保业务连续性目标得以实现。最后，对整个灾难恢复过程进行总结和反思，更新和优化现有的灾难恢复计划，以适应未来可能的挑战。

在整个过程中，保持畅通的沟通、紧密的团队协作以及严格遵循制订的计划和流程至关重要。此外，定期演练和培训也是确保灾难恢复计划有效执行的关键因素。通过持续关注计划的改进和优化，可以更好地应对灾难事件，降低业务中断和数据丢失的风险，为企业稳健发展提供强有力的保障。

6.3　数据安全事件的监测与处置

在数字化和网络化的时代，数据安全的重要性愈加突出。数据安全事件，如数据泄露和篡改，不仅会给企业带来重大损失，还可能削弱客户的信任度并损害企业声誉。因此，监测和处理数据安全事件变得尤为关键。本节将详细介绍数据安全事件的监测方法与工具，以及处置流程与要点。

6.3.1　数据安全事件的监测方法与工具

1. 数据安全事件的监测方法

数据安全事件的监测是预防和应对潜在风险的重要步骤，其方法包括实时日志监测、网络流量监测、用户行为分析和文件完整性检查等。

（1）实时日志监测。

实时日志监测通过收集和分析信息技术系统及应用的日志文件，能够发现异常活动和潜在的安全威胁，关键在于确保日志的完整性和准确性，采用专业的分析工具，并设置适当的阈值和警报机制。

（2）网络流量监测。

网络流量监测通过分析网络中的数据流量，检测异常的数据传输和潜在的攻击行为，这需要借助专业的网络监控工具，并与其他安全机制（如防火墙和入侵检测系统）相结合。

（3）用户行为分析。

用户行为分析则通过监测和分析用户在网络环境中的行为，辨识恶意用户或内部威胁，这要求建立用户行为的基准模型，并利用机器学习和人工智能技术提高分析的准确性。

（4）文件完整性检查。

文件完整性检查通过定期验证关键文件的哈希值或数字签名，确保文件未被篡改或损坏，选择适用的工具并与其他安全机制整合，以提高检查的准确性和有效性。

这些监测方法共同构成了数据安全防护的坚实防线。

2. 数据安全事件的监测工具

为了更有效地监测数据安全事件，采用专业的监测工具是不可或缺的。这些工具包括安全信息和事件管理（Security Information and Event Management，SIEM）系统、网络监控工具、端点安全解决方案和云安全监控工具等。

（1）安全信息和事件管理系统。

安全信息和事件管理系统作为综合性安全管理平台，能够收集、整合并分析来自多个源头的安全日志信息，提供实时的威胁检测和响应能力。使用安全信息和事件管理系统时，需确保其支持多种日志格式和数据源，并定期配置和优化以提升检测准确性。

（2）网络监控工具。

网络监控工具有助于捕获和分析网络流量，发现异常的数据传输和潜在攻击行为。在选择和使用这些工具时，需关注其支持的协议和数据包格式，并与其他安全机制结合以提升监测效果。

（3）端点安全解决方案。

端点安全解决方案则侧重于监控和保护端点设备免受威胁，包括防病毒软件和端点检测与响应（Endpoint Detection and Response，EDR）工具。为了提升防护能力，应定期更新和升级这些解决方案，并与其他安全机制结合使用。

（4）云安全监控工具。

随着云计算的普及，云安全监控工具也变得越来越重要，它们能够监测云环境中的异常活动和潜在威胁。使用这些工具时，需确保其支持多种云平台和服务提供商，并定期配置和优化以提升性能。

通过整合这些工具和其他安全机制，能够构建一个更加安全的数据环境。

6.3.2　数据安全事件的处置流程与要点

一旦发现数据安全事件，需要迅速而有效地进行处置，以避免事件进一步扩散并造成更大的损失。下面讨论一些常见的数据安全事件处置流程和要点。

1．处置流程

常见的数据安全事件处置流程如图 6.2 所示。

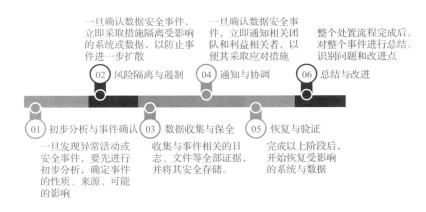

图 6.2　常见的数据安全事件处置流程

（1）初步分析与事件确认。

一旦发现异常活动或安全事件，首先需要进行初步分析，确定事件的性质、来源和可能的影响。这包括对日志文件、网络流量数据和其他相关信息的仔细审查和分析。一旦确认事件的真实性，就需要立即采取行动来限制事件的进一步扩散。

（2）风险隔离与遏制。

一旦确认数据安全事件，需要立即采取措施隔离受影响的系统或数据，以防止事件进一步扩散。可能的措施包括断开网络连接、关闭受影响的系统或服务、暂停可疑的账户等。同时，还需要采取行动限制攻击者的进一步活动，如修改密码、更新安全策略等。

（3）数据收集与保全。

在隔离与遏制阶段完成后，需要收集与事件相关的所有日志、文件和其他证据，并确保它们安全存储。这些数据将用于后续的分析和调查，可以更深入地了解事件的始末和攻击者的手段。在收集数据时，需要注意保护数据的完整性和机密性，以防止数据被篡改或泄露。

（4）通知与协调。

一旦确认数据安全事件，需要立即通知相关团队和利益相关者，以便他们采取相应的措施来应对事件。这可能涉及信息技术团队、法律团队、公关团队等。同时，需要协调各方资源，以确保有效执行各项措施。在通知与协调阶段，需要确保沟通畅通和信息共享，以便更好地应对数据安全事件。

（5）恢复与验证。

在完成风险隔离与遏制、数据收集与保全、通知与协调等阶段后，需要开始恢复受影响的系统和数据。这可能包括重新安装系统、恢复备份数据、修复受损的文件等操作。在恢复过程中，需要注意确保数据的完整性和可用性，以防止数据丢失或损坏。恢复完成后，还需要进行验证，以确保系统和数据的正常运行和安全性。

（6）总结与改进。

在整个处置流程完成后，需要对整个事件进行总结，识别问题和改进点。这可能包括分析事件的根本原因、评估处置措施的有效性、识别潜在的安全隐患等。同时，还需要根据总结的结果更新安全策略和措施，以提高安全防护能力和响应效率。在总结与改进阶段，需要保持客观和全面的态度，以便更好地发现和解决问题。

2. 处置要点

在处理数据安全事件时，必须特别关注下面几个处置要点，以确保及时、准确和有效地应对。

（1）快速响应。

快速响应至关重要，因为数据安全事件往往需要迅速采取行动以最小化损失和影响。建立一个高效的响应机制，包括明确的响应流程、明确的职责分配及响应时间，是确保快速响应的关键。

（2）准确性。

准确性是处理数据安全事件时不可忽视的因素。在处置过程中，必须确保收集和分析的信息准确无误，以避免误导和错误决策。这需要采用可靠的数据分析工具和方法，并由经验丰富的专业人员进行分析和判断，以确保所采取的措施是基于准确信息的。

（3）沟通协作。

沟通协作对于有效应对数据安全事件至关重要。内部团队之间以及与合作伙伴之间的密切沟通是确保信息畅通的关键。各方必须及时了解事件进展，以便协同应对，并共同制定和执行相应的解决方案。

（4）合规性。

合规性也是必须严格遵守的原则。处置过程必须符合相关法律法规和标准的要求，以避免法律纠纷和合规风险。这包括对敏感数据的处理、对外沟通的内容等，都需要严格遵守相关法律法规的规定。

（5）持续改进。

持续改进是应对数据安全事件的重要一环。每次发生数据安全事件都是一个学习和改进的机会。因此应该建立一个机制来总结经验教训，并持续更新安全策略和措施，以提高安全防护能力和响应效率。这包括定期审查安全策略的有效性、加强员工的安全培训等，以确保安全体系不断完善，能够适应新的挑战。

综上所述，数据安全事件的监测与处置是一个复杂而重要的过程，需要投入足够的资源和精力来确保数据的安全性。通过采用有效的监测方法和工具，建立完善的处置流程和关注处置要点，可以更好地应对数据安全事件，并减少潜在的损失和影响。

6.4　业务连续性保障措施

业务连续性管理是一个综合性的过程，旨在发现潜在的业务中断风险，并制定预防措施、响应计划和恢复策略，以确保在面临各种风险和中断时能够迅速、有效地恢复关键业务功能。下面详细阐述业务连续性计划的制订与执行，以及保障业务连续性的技术与管理措施。

6.4.1 业务连续性计划的制订与执行

1. 业务连续性计划的制订

在制订业务连续性计划时，一个系统性的方法至关重要。

（1）进行业务影响分析是起点，它要求全面审查企业的业务流程，识别出关键业务流程，并评估其中断可能对企业财务、运营和声誉造成的影响。基于业务影响分析的结果，为每个关键业务流程设定合理的恢复时间目标和恢复点目标，确保在业务中断时能够迅速恢复业务功能并控制数据丢失量。

（2）进行风险评估与预防是必不可少的步骤。通过全面的风险评估，识别可能导致业务中断的各种风险，如自然灾害、设备故障、人为错误和网络攻击等。然后，对每种风险进行可能性和影响的评估，以确定需要重点关注的风险因素。基于风险评估结果，制定相应的预防措施，如建立设备巡检制度、加强网络安全防护和提升员工安全意识等，以减少业务中断的风险。

（3）在确定了预防措施后，需要制订具体的策略与计划。这包括为每个关键业务流程确定恢复策略，明确恢复流程、资源需求和人员配置等。同时，制定完备的数据备份策略，确保数据的安全性和可用性，包括确定备份频率、备份方式（如本地备份、异地备份等），以及备份数据的测试和验证机制。此外，制定通信策略也是至关重要的，它要求明确在业务中断期间保持内外部通信的方式、频率，以及信息发布的渠道和内容。

（4）将上述策略综合起来，编写一份完整的业务连续性计划文档。这份文档应明确在业务中断时应采取的行动和步骤，确保企业在面临突发情况时能够迅速、有效地应对，保障业务的连续性和稳定性。

2. 业务连续性计划的执行

业务连续性计划的执行是企业应对突发业务中断的关键步骤，其重要性不言而喻。为确保员工对计划内容有深入的了解，并能在紧急情况下迅速采取行动，企业应定期为员工提供业务连续性计划的培训。为了加强员工的应急响应能力，需制订并实施定期的演练计划，涵盖演练目标、场景设置、参与人员等要素，并在演练后进行全面的评估，以便对计划进行持续改进。

随着业务环境和风险状况的不断变化，业务连续性计划需要定期审查和更新。建议企业每年至少进行一次全面审查，并根据实际情况进行必要的调整。同时，为确保计划的可追溯性，应实施严格的版本控制机制，并详细记录每次修订的核心内容和动因。

当业务遭遇中断时，企业应迅速启动应急响应机制，召集经验丰富的应急响应团队进行全面评估，并快速制定恢复策略。在恢复过程中，基于业务连续性计划的指引和团队的决策，企业应迅速执行恢复操作，如重启业务流程、修复受损系统、恢复关键信息等。同时，必须保持高度警觉，实时监控恢复进度，并根据实际情况灵活调整恢复策略。

业务成功恢复后，对整个应急响应和恢复流程进行全面的回顾与评估至关重要。通过深入分析经验教训、识别问题和不足，企业可以对业务连续性计划进行改进和优化，以适应未来可能出现的挑战。最后，将总结报告分发给所有相关人员，供其参考和学习，以进一步提升相关人员应对突发状况的能力和效率。

6.4.2　保障业务连续性的技术与管理措施

1. 技术措施

（1）数据备份与恢复技术。

鉴于数据的重要性及其动态变化的特性，必须精心制定一套严谨的备份策略。对于关键性数据，必须采取高度谨慎的态度，建议采取实时备份机制，或结合定期全量备份与增量备份的方式，以确保数据的全面性与即时恢复能力。此外，必须明确备份数据的存储位置，无论是本地、远程还是云存储，都需经过审慎评估。同时，数据的保留期限亦需明确，以确保在满足业务需求的同时，也符合数据安全要求。

在制定企业备份策略时，需根据实际情况，精心挑选与之相匹配的备份技术。这些技术包括但不限于基于磁盘的备份、基于磁带的备份及云备份等。在选择时，需综合考虑备份速度、恢复速度、系统可靠性及成本效益等因素，确保所选技术能够高效、稳定地满足业务需求。此外，为进一步提升备份效率和存储空间利用率，可引入数据去重和压缩技术，这些技术的应用将为企业数据备份带来显著优化效果。

为确保备份数据的可靠性与完整性，企业应定期进行恢复测试，以验证其在紧急情况下的可行性。此类测试旨在揭示可能存在的风险与问题，并促使企业及时采取纠正措施，从而在真实的数据恢复场景中确保操作的顺利执行。恢复测试的频率及内容应依据数据的重要性及其变动频率进行调整，以确保测试的针对性和有效性。

（2）冗余系统技术。

在构建高可用性和容错性的系统时，冗余系统技术起着至关重要的作用。

① 负载均衡技术作为提升系统效能与扩展性的关键手段，通过智能分配负载至多台服务器，确保系统资源的均衡利用。在单一服务器发生故障的情况下，负载均衡器能迅速而自动地将业务请求导向其他正常运行的服务器，从而保障业务的持续稳定运行。负载均衡技术基于多样化的算法（如轮询、最少连接等），实现请求的高效分配，以达到系统性能与可用性的最优化。

② 热备份技术是保障业务连续性的另一个重要手段。在主服务器发生故障时，热备份技术能够迅速且无缝地将业务转移至备用服务器，确保业务的连续稳定运行。为实现这一目标，热备份技术必须确保主服务器和备用服务器间数据的实时同步与状态共享，以在切换过程中实现业务的无缝衔接。同时，对备用服务器的配置与性能进行充分考量也是必要的，以确保其能够完全承载并处理来自主服务器的业务。

③ 容灾备份技术是在面对自然灾害等不可抗力因素所引发的业务中断风险时不可或缺的技术手段。它通过在地理上分散的多个地点构建备份数据中心，实现数据的远程安全备份和业务的异地接管能力。容灾备份技术的实施，能在主数据中心发生任何故障时，确保备份数据中心能迅速、

准确地接管业务运作，从而最大限度地保障业务的连续性与稳定性。

上述这些技术的综合应用，为企业提供了强大的业务保障能力，确保在各种情况下都能保持业务的稳定运行。

（3）网络安全防护技术。

在网络安全防护领域，防火墙技术、集成入侵检测系统和安全加密技术扮演着至关重要的角色。

①防火墙是网络安全的基石，它通过预设的安全规则对网络流量进行精细化过滤，只允许符合既定规则的流量通过，从而有效阻止未经授权的访问和恶意攻击。此外，防火墙还具备先进的入侵检测和防御功能，能够实时监控网络活动，一旦发现潜在的攻击行为，能迅速做出反应，确保网络系统的稳定与安全。

② 集成入侵检测系统是网络安全防护体系中的关键组成部分。它能够实时监控网络流量和用户活动，通过签名检测和异常检测两种核心机制，敏锐地捕捉异常流量和可疑行为，并立即触发警报。集成入侵检测系统的部署使企业能够及时发现并防范网络攻击行为，从而确保网络环境的稳定、安全，以及企业业务的连续性和顺畅运行。

③ 为了保障敏感数据在传输和存储过程中的安全，采用先进的安全加密技术至关重要。这种技术通过对称加密或非对称加密等方法，对数据进行加密处理，有效保护数据的机密性和完整性，防止其被未经授权的第三方窃取或篡改。此外，结合数字签名技术，可进一步验证数据的真实性和来源的可靠性，为企业的信息安全构筑起一道坚实的防线。

2. 管理措施

（1）明确结构和职责分配。

为了确保业务连续性管理的有效实施，必须先明确结构和职责分配。为此，应成立一个专门的业务连续性管理团队或委员会，该团队将承担起制定、执行和监督业务连续性计划及其管理体系运行状况的职责。同时，为了确保各部门之间进行高效的协同工作，必须清晰界定各部门在业务连续性保障中的具体职责和角色分工，以确保资源的合理配置和高效利用。

（2）制定管理制度和流程。

为了确保业务在遭遇中断时能够迅速且有效地恢复，需构建一套健全的业务连续性管理制度与流程体系。此体系应涵盖应急响应流程、恢复策略选择流程及数据备份恢复流程等关键环节，从而确保在面临业务中断时，能够依据既定规程迅速采取行动，精准地恢复关键业务流程的正常运行。

（3）建立监督和考核机制。

为了确保业务连续性管理体系的稳健运行与高效应对风险，需定期对其运行状况实施严格的监督与考核评估。这一举措旨在验证管理体系的有效性，并及时识别与解决潜在问题，进而推动管理体系的持续完善，以不断增强应对风险的能力。

（4）定期开展人员培训活动。

为了确保员工对业务连续性管理有深刻的理解与掌握，并能够在实际操作中熟练应对业务中断的情境，应定期举办专项业务连续性管理培训活动。此类培训不仅旨在提高员工对业务连续性保障的认知水平，而且着重教授他们在面对业务中断时应采取的正确行动与步骤，使他们掌握必要的技术与管理技能。通过这一系列的培训，员工将能够在业务中断时迅速、有效地做出响应，为企业稳定运行提供坚实的后盾。

（5）提升员工安全意识。

在构筑企业坚不可摧的安全屏障的过程中，深化员工安全意识的重要性不容忽视。这一举措的目的是使全体员工深刻认识到网络安全与数据保护对于企业发展的核心价值，同时培育他们识别潜在安全风险的能力。为此，通过精心策划的模拟演练、深入剖析案例等多元化的培训形式，致力于提升员工在应对安全事件时的应急响应能力，确保他们在面对紧急情况时能够迅速、准确地采取有效行动，从而为企业信息安全与业务稳定提供强有力的保障。

（6）建立激励机制。

为了激发员工积极参与业务连续性保障工作的热情，提高其工作积极性和责任心，可采取设立奖励制度等措施。此外，应鼓励员工积极提出改进意见和建议，以便持续优化和完善业务连续性管理体系，确保其在面对各种挑战时能够保持高效与稳定的状态。

（7）严格遵循相关的法律法规和标准要求。

在业务连续性保障工作中，必须严格遵循相关的法律法规和标准要求，如国家标准《信息安全技术　网络安全等级保护基本要求》（GB/T 22239—2019）等。为验证业务连续性保障措施的有效性和合规性，应定期执行合规性检查和内部审计，确保所有措施均满足并符合相关法律法规和标准的要求，从而为企业信息安全和业务连续性提供坚实的法律保障。

（8）持续改进和优化管理体系。

为了确保业务连续性管理体系的有效性和持续提升管理水平，可邀请具备专业资质的第三方机构进行外部审计评估。此类审计应客观公正地评价业务连续性管理体系的运作效果，并提出具有针对性的改进意见和建议。外部审计结果可作为企业内部改进和优化的重要参考依据，助力企业不断完善和优化业务连续性管理策略，以应对日益复杂的业务环境和安全风险。

综上所述，业务连续性保障措施是一项系统性工程，需从技术和管理双重视角进行全面规划与执行。企业需制订详尽的业务连续性计划，实施有效的技术和管理措施，并构建健全的业务连续性管理体系，以此降低业务中断的风险，确保关键业务流程的稳健运行。

6.5　案例：Target 公司的数据泄露事件

Target 公司成立于 1962 年，是美国第二大零售商。2013 年 11 月到 12 月期间，Target 公司遭遇了一次大规模的数据泄露事件。黑客通过恶意软件侵入了 Target 公司的支付系统，导致 4000 万个信用卡和借记卡信息，以及 7000 万个用户的个人信息（包括姓名、地址、电话号码和电子邮件）被盗。Target 公司的安全团队在发现异常后，迅速确认了数据泄露事件的性质和范围，并向公司高层管理团队通报了情况。公司随后通知了执法机构和第三方安全公司，协助调查和应对这一事件。

为了防止攻击进一步扩散，Target 公司的信息技术团队立即隔离了受感染的支付系统，并对所有销货点系统（Point of Sale System，POS）终端进行全面扫描和检查，以识别并清除恶意软件。Target 公司成立了应急响应中心，协调各部门的应急响应行动。应急响应中心由安全团队、运维团队、法律团队、公关团队和客户服务团队组成，确保各项工作有条不紊地进行。

在隔离受感染系统的同时，安全团队与第三方安全公司合作，分析攻击方式和黑客的入侵路径。通过日志分析和威胁情报，团队确定了黑客利用的漏洞和攻击手法。Target 公司的安全团队迅速修补了支付系统中的漏洞，并对整个系统进行了全面的安全加固，包括升级防火墙规则、更新安全补丁、强化身份验证机制等。在完成系统加固和恶意软件清除后，Target 公司逐步恢复了支付系统的正常运行，确保用户可以继续安全地进行购物和支付。

事件发生后，Target 公司聘请了第三方安全公司对整个系统进行全面的安全审计，确保不存在其他潜在的安全漏洞。Target 公司向受影响的用户发出了安全事件通知，并提供了一年的免费信用监控服务，帮助用户监控并保护他们的信用信息。为了提高未来应对类似事件的能力，Target 公司定期组织应急响应演练，模拟各种可能的安全事件，提高团队的应急响应速度和效率。Target 公司还加强了员工的安全教育和培训，提升了全员的安全意识和技能，特别是针对钓鱼攻击和社交工程攻击等常见攻击手段的防范。

通过迅速启动应急响应计划，Target 公司成功遏制了黑客攻击的进一步扩散，并在较短时间内恢复了支付系统的正常运行，最大限度地减少了用户的损失和降低对公司的声誉损害。该案例展示了在面对重大安全事件时，预先制订和演练应急响应和灾难恢复计划的重要性，以及各部门协调合作的重要性。通过有效的应急响应措施和后续改进，Target 公司不仅解决了当前的问题，还为未来的安全防护打下了坚实的基础。

资料来源：美国第二大零售商 Target 公司的 CISO 平衡客户安全和体验的成功经验[EB/OL].
[2024-06-01]. http://www.d1net.com/cio/ciotech/572884.html.

第 7 章

数据安全实战案例分析

本章介绍了案例分析的方法论框架及其在数据安全领域的应用价值。随着信息技术的飞速发展，数据泄露、黑客攻击等安全问题层出不穷，给企业带来了巨大的经济损失和声誉损害。因此，研究和探讨数据安全实战案例，对于提高人们的安全防范意识和应对能力至关重要。本章通过深入剖析典型数据安全事件，如电商平台数据泄露、医院患者数据被非法获取等，从中提炼了数据安全防护的最佳实践，并提出了对当前数据安全工作的启示与建议。

7.1 案例分析的方法与意义

7.1.1 案例分析的方法论框架

案例分析作为一种研究方法，在数据安全领域得到了广泛应用。通过深入剖析具体的数据安全事件，能够更加直观地了解数据安全问题，并从中汲取宝贵的经验教训。下面将详细阐述案例分析的方法论框架及其在数据安全领域的实际应用。

1. 案例选择

在数据安全领域，选择合适的案例进行分析至关重要，这不仅有助于人们深入了解当前面临的安全威胁和挑战，还能提炼出具有实践意义的应对策略。一个优质的案例应具备代表性、真实性、时效性和详尽性等特点。为了找到这样的案例，可以查阅安全报告、新闻报道、技术论坛等，同时参考行业内专业机构和专家的推荐。

2. 信息收集

信息收集是案例分析的基础，它有助于人们对数据安全事件全面而深入的了解。首先，需要掌握事件的基本信息，包括时间、地点、涉及的组织和人等，以便了解事件的背景和发展脉络。其次，技术细节是分析的关键，需要收集有关攻击手段、漏洞利用、恶意软件等方面的详尽信息，以深入了解数据安全事件的技术层面。此外，了解事件对组织和个人造成的影响也是必不可少的，这包括数据泄露的范围、系统损坏的程度以及可能的经济损失等。同时，还需要收集事件发生后当事人采取的应对措施，如应急响应、系统恢复和安全加固等，以评估其应对效果和改进空间。最后，考虑到法律约束和合规性要求，还需要获取与事件相关的法律法规和行业标准的信息。

3. 问题定义

在收集到与数据安全事件相关的充足信息后，接下来需要对事件中存在的核心问题和关键挑战进行明确的定义和梳理。这些问题可能涉及以下几个方面。

（1）技术漏洞。

分析事件中暴露出的技术层面的漏洞和安全隐患，如未及时更新补丁、使用弱密码策略等，这些漏洞为攻击者提供了可乘之机。

（2）管理缺陷。

安全管理方面的不足往往是导致安全事件频发的重要原因，如缺乏全面的安全策略、监控和响应机制不完善等，这些问题使得组织在面临安全威胁时难以迅速有效地应对。

（3）人为因素。

人为因素也是不容忽视的。分析人为错误或恶意行为对安全事件的影响，可以揭示出内部人员的误操作、疏忽大意或恶意泄露等行为可能给组织带来的严重后果。这些行为可能是无意的，也可能是有意的，但都需要引起足够的重视和防范。

（4）政策和法规因素。

还需要审视与数据安全相关的政策和法规是否完善。政策的制定和执行对于保障数据安全至关重要，因此需要考虑组织是否遵守了相关的法规要求，是否存在违法违规的行为。通过审视政策和法规，可以发现组织在数据安全方面可能存在的不足和需要改进的地方。

明确定义案例中存在的核心问题和关键挑战是数据安全领域案例分

析的重要环节，这有助于人们深入理解安全事件的本质和原因，并为制定有效的应对策略提供有力的支持。

4. 分析过程

在案例分析过程中，需要运用相关的理论知识和实践经验对收集到的信息进行深入剖析。具体步骤如下。

（1）找出安全事件的起因。通过深度分析安全事件的整个过程，找出事件发生的根本原因。这可能需要综合考虑技术、管理、人为因素及政策等多个方面。

（2）对影响因素进行分析。深入探讨各种因素对安全事件的影响程度和相互关系。例如，技术漏洞的存在可能会被黑客所利用以实施攻击，而管理方面的不足则可能进一步助长了攻击的成功。

（3）对应对策略进行评估。对安全事件发生后当事人所采取的应对策略进行全面评估。审视这些策略的有效性、时效性及可持续性，并提出改进建议，以进一步完善应对策略。

5. 解决方案

根据上述分析结果，提出具有针对性的解决方案和改进措施。这些解决方案应具备可操作性和实效性，有助于有效提升数据安全水平。改进措施可能涵盖以下几个方面。

（1）针对发现的技术漏洞和安全隐患，必须采取技术加固措施。这包括但不限于及时更新系统补丁以修补已知的漏洞，强化密码策略以阻止暴力破解等攻击手段，部署先进的防火墙和入侵检测系统以增强网络防御能力。

（2）在管理层面进行优化也是至关重要的。需要改进安全管理制度和流程，确保组织内的各个层级都能理解并执行安全措施。为此，可以建立定期的安全培训机制，提升员工的安全意识和技能水平。同时，制定详尽的安全操作规程，明确各级人员的安全职责和操作流程，以减少人为错误和疏忽带来的安全风险。

（3）政策与法规的完善也是保护数据安全的必要措施。政府和相关机构应持续推动数据安全政策和法规的完善，为数据安全提供有力的法律支持。同时，政府和机构也应密切关注行业动态和法规变化，及时调整自身的安全策略，确保符合最新的法规要求。

6. 总结与反思

在深入剖析数据安全案例后，有必要提炼其中的成功经验和失败教训，以便为未来的数据安全工作提供宝贵的借鉴。

首先，归纳案例中的成功经验。这些经验可能包括及时发现并修复技术漏洞、有效的安全管理机制和员工安全意识培养等。这些成功经验表明，通过持续的技术投入、严格的管理制度和员工的安全培训，可以显著提升组织的数据安全防御能力。

同时，正视案例中的失败教训。这些教训可能涉及技术漏洞的忽视、管理缺陷的暴露及人为因素的干扰等。这些失败教训提醒大家，任何一个环节的疏忽都可能给组织带来严重的安全风险。因此，必须时刻保持警惕，全面加强数据安全防护。

在分析方法和解决方案方面，要进行深刻的反思。需要检查所采用的分析方法是否全面、准确，提出的解决方案是否具有针对性和实效性。如果发现存在遗漏或不足之处，应当及时改进和提升，以确保在未来的工作中能够更有效地应对数据安全挑战。

最后，评估该案例的推广价值。如果该案例具有典型性，并且提出的解决方案具有普适性，可以考虑将其分享给更多的人。通过分享成功经验和失败教训，可以促进整个社会对数据安全问题的关注和重视，共同提升数据安全水平。

7.1.2 案例分析在数据安全领域的应用价值

在数据安全领域，案例分析具有重要的应用价值，主要体现在以下几个方面。

1. 提升防范意识

通过对实际案例的深入分析和解读，人们能够更加直观地认识到数据安全事件的严重性和危害性。这种直观的体验有助于提升人们对数据安全的认识和重视程度。当员工或用户意识到数据安全的重要性时，他们更有可能主动采取安全措施来保护敏感信息和系统免受攻击。

2. 总结经验教训

每一个数据安全事件都蕴含着宝贵的经验教训。通过案例分析，能够深入剖析事件发生的原因、经过及结果，进而总结出成功的经验和失败的教训。这些经验和教训对于指导未来的数据安全工作至关重要。例如，某个企业在处理数据泄露事件时采取了有效的应急响应措施，成功地避免了更大范围的损失。这样的成功经验能够为其他企业提供宝贵的借鉴和启示。

3. 完善安全策略

透过对案例的深入分析，能够揭示现有安全策略的不足之处，进而有针对性地进行完善和优化。例如，某个企业在遭受钓鱼攻击后发现其安全策略存在漏洞，于是及时调整了安全策略并加强了对员工的安全培训。这种调整提升了企业的安全防护能力，降低了未来遭受类似攻击的风险。

4. 提高应对能力

通过案例分析，人们可以更好地理解和掌握数据安全事件的应对策略和方法。通过模拟和演练真实的安全事件场景，可以帮助人们提高未来面对类似事件时的应对能力。这种能力的提升不仅有助于减少损失和风险，还能增强组织的稳定性和信誉度。例如，在模拟演练中，员工可以学会如何快速识别并应对各种安全威胁，从而提高企业整体的安全响应速度。

5. 推动行业发展

通过对典型案例的分享与传播，能够促进整个行业对数据安全的交流与学习。当某个组织成功应对一起数据安全事件时，其经验和实践可以为其他组织提供有益的参考。这种行业内的知识共享和经验交流不仅有助于推动企业在数据安全领域的不断发展与创新，也为政策制定者提供了宝贵的参考依据，推动相关法规与政策的完善与发展。

6. 促进技术创新

案例分析不仅有助于总结经验教训和完善安全策略，还能为技术创新提供动力和方向。通过对安全事件的深入分析，发现现有技术的不足和局限，从而激发相关技术的创新和发展。例如，在分析某起针对云服务的攻击事件时，可能会发现云服务提供商在安全防护方面存在的缺陷。这样的发现可以促使云服务提供商加大对技术研发的投入，以提高其服务的安全性和可靠性。

7. 增强法律意识

数据安全不仅涉及技术问题，还涉及法律法规的要求。通过案例分析，能够更深入地理解与数据安全相关的法律法规和标准。这对于组织和个人而言至关重要，因为违反相关法律法规可能会导致严重的法律后果。案例分析能够帮助人们增强法律意识，确保在数据安全工作中始终遵循相关法律法规和标准。

综上所述，案例分析在数据安全领域具有广泛且重要的应用价值。通过深入剖析真实的安全事件能够提升人们的防范意识、总结经验教训、完善安全策略、提高应对能力、推动行业发展、促进技术创新。此外，案例分析还能帮助人们增强法律意识，确保在数据安全工作中合规合法。因此，充分利用案例分析这一强有力的工具，能为数据安全工作提供有力的支持。

7.2　典型数据安全案例分析

数据安全对于个人、企业甚至国家都至关重要。然而，随着信息技术的迅猛发展，数据安全事件也屡屡发生。本节将深入探讨三个典型的数据安全案例，并从中汲取教训，旨在提升人们对数据安全的认知和重视程度。

7.2.1 案例一：京东平台数据泄露事件全解析

2016 年，京东平台遭遇了一次严重的数据泄露事件，导致数百万用户多达数千万条的个人信息被非法获取并泄露。这一事件引发了社会广泛的关注和担忧，对该电商平台的声誉和用户信任度造成了严重影响。

经初步调查，发现黑客利用了该电商平台存在的安全漏洞，成功渗透进系统的数据库，并窃取了用户数据。被泄露的数据包括用户的真实姓名、家庭住址、电话号码等敏感信息。这些信息一旦被不法分子利用，将对用户造成极大的安全隐患。

在发现数据泄露的第一时间，该电商平台采取了多项紧急措施：该电商平台的技术团队迅速定位并修补了安全漏洞，以防止黑客继续利用漏洞进行攻击；及时报警，并与公安机关、网络安全机构等合作，展开深入调查，追查数据泄露的源头和黑客的身份；通过邮件、短信等方式，向受影响的用户发送了通知，提醒他们关注个人信息安全。

然而，此事件已对该电商平台的声誉造成了重大损害，导致用户信任度显著下降。不少用户表示将不再使用该平台，转而选择其他更为安全的平台。

1. 事件分析

从技术层面来看，该电商平台存在未修补的系统安全漏洞，使黑客能够趁虚而入渗透系统并窃取数据。用户的数据未得到充分的加密保护，使得黑客在窃取数据后能够轻易获得用户的敏感信息，这表明该电商平台在信息安全方面的投入和保障不足，急需加强技术防护和漏洞修补措施。此外，网络安全防护缺失，防火墙、防病毒软件和入侵检测系统等安全防护措施未能有效运行，导致攻击者能够绕过安全防护系统。

从管理层面来看，权限管理不当，内部员工或第三方合作伙伴可能拥有过多的访问权限，增加了数据泄露的风险。这反映了该电商平台在权限管理和访问控制上的疏忽，安全管理制度不完善。部分员工的安全意识薄弱，对数据安全的重要性认识不足，未能严格遵守数据保护规定，给黑客提供了"可乘之机"。

2．事件启示

（1）加强技术防护。定期进行安全审计和风险评估，识别和修补系统中的安全漏洞；在数据传输和存储过程中，采用强加密算法保护用户的敏感信息，确保数据安全；更新和加强防火墙、防病毒软件和入侵检测系统等网络安全防护措施等。

（2）完善管理制度。建立健全数据安全管理制度和流程，以确保数据的访问、使用和存储均符合安全规范；定期对系统进行安全审计和漏洞扫描，及时发现并修复潜在的安全隐患；对数据进行访问控制，建立健全访问控制机制，定期审核和调整权限，确保只有必要的人员能够访问敏感数据。

（3）提高安全意识。通过教育和宣传活动，提高用户对数据安全的重视程度，鼓励用户设置复杂的密码、定期更换密码，并避免在公共场合透露个人信息；在企业内部推动安全文化建设，加强员工的数据安全意识。

（4）建立应急响应机制。在数据安全事件发生后，应立即启动应急响应机制，迅速采取措施以减少损失并通知受影响的用户。同时，积极配合相关机构进行调查和处理，以确保事件得到妥善处理。

7.2.2　案例二：医院患者数据被非法获取案例深度剖析

2020 年 4 月 16 日，有当地市民在胶州政务网反映，微信朋友圈中流传着出入胶州中心医院的数千人名单，涉及相关人员个人信息，已严重影响个人生活，并被谣传感染了新冠病毒。2017 年 9 月，《法治日报》就报道了另外一家医院的服务信息系统遭到黑客入侵，被泄露的公民信息多达 7 亿多条，8000 多万条公民信息被贩卖。经初步调查得知，黑客通过攻击医院的信息系统，成功侵入系统并获取了数千名患者的病历信息。这些信息包括患者的姓名、年龄、性别、诊断记录、用药情况以及个人隐私等敏感内容。随后，这些信息被发布在暗网上并以高价出售，造成了患者信息的进一步扩散。

医院在发现数据泄露事件后立即采取了紧急措施，对系统漏洞进行了封堵并立刻报警。同时，医院也加强了信息系统的安全防护措施，并对全体员工进行了数据安全培训。然而，尽管采取了这些措施，事件仍对患者的隐私造成了严重侵犯，导致许多患者感到担忧和不满。

1. 事件分析

在技术层面，黑客能够成功入侵医院的信息系统，说明系统存在安全漏洞。这些漏洞可能包括未修复的已知漏洞、系统配置不当、弱密码或缺乏防护措施等。医院在信息安全方面的投入可能不足，导致技术防护措施薄弱。例如，数据加密措施可能不完善，未能有效保护敏感数据；防火墙、入侵检测系统等可能未及时更新或配置不当。

在管理层面，医院在数据安全管理上可能存在疏忽。医院可能缺乏完善的数据安全管理制度，导致数据在获取、使用和存储过程中存在安全风险。例如，可能没有严格的数据访问权限控制机制，或者没有对敏感数据进行充分的加密保护。这些管理方面的漏洞给黑客提供了可乘之机。

在安全意识层面，医护人员在处理患者数据时可能缺乏足够的安全意识，未能严格遵守数据保护规定。他们可能将患者信息泄露给不可信的第三方，或者在不安全的环境中使用和存储数据。尽管医院有责任保护患者数据的安全，但医护人员本身也需要加强信息安全意识，避免将患者信息随意泄露给不可信的第三方。

在监管与合作层面，相关部门对医院信息安全的监管力度可能不够，未能及时发现和纠正医院在数据安全方面的不足，这可能导致医院在数据安全方面的投入和管理不足。医院可能缺乏与安全机构之间的合作，未能及时获取最新的安全威胁信息和防护措施，这可能导致医院在应对数据安全事件时缺乏及时有效的支持。

2. 事件启示

（1）强化医疗信息系统的安全保护措施。医院应当投入更多资源用于信息安全领域，包括采购先进的安全设备和软件；加强数据的加密保护，确保在传输和存储过程中的安全性；构建多层次的安全防护系统，包括防火墙、入侵监测系统、安全事件管理系统等；定期进行安全审计和漏洞扫描，及时发现并修复潜在的安全隐患。

（2）完善数据安全管理制度。建立全面的数据安全管理制度和流程，确保数据的获取、使用和存储都符合安全规范；对医护人员进行数据安全培训，提升他们的安全意识和操作技能；设立专门的数据安全管理部门或岗位，负责医院数据安全工作的统一管理和监督。

（3）加强监管和合作。相关部门应加强对医院信息安全的监管力度，以确保医院能够采取有效措施来保护患者数据的安全；医院也应积极与安全机构合作，共同应对数据安全的挑战；通过共享安全威胁信息和防护经验，提升医院的数据安全防护能力。

（4）建立应急响应机制。医院应制订详细的应急响应计划，明确在数据安全事件发生时的应对措施和流程；一旦发生数据安全事件，医院应迅速启动应急响应机制，及时采取措施减少损失，并通知受影响的患者；医院应积极配合相关机构进行调查和处理，确保事件得到妥善处理。

7.2.3　其他典型数据安全事件概览与启示

除了上述两个案例，其他行业也曾发生过多起数据安全事件。这些事件跨越各个领域，包括金融、教育、政府等。

1. 华住酒店数据泄露事件

华住酒店遭遇了一起严重的数据泄露事件。黑客通过入侵酒店的预订系统，非法获取了数百万客户约 5 亿条的个人信息，包括姓名、住址、电子邮件、电话号码、护照信息以及信用卡信息，并将以上非法获取到的信息进行贩卖。这一事件对客户隐私造成了严重侵犯，并引发了公众对酒店行业数据安全的广泛担忧；对该连锁酒店的声誉造成了严重影响，并导致许多客户对该酒店的信任度大幅下降。

通过该事件，可以得到如下启示。

（1）应加强技术防护。定期进行漏洞扫描和修补，及时更新系统和应用程序的安全补丁，并在数据传输和存储过程中，采用强加密算法保护客户的敏感信息，确保数据安全，此外还应该部署和更新防火墙、防病毒软件和入侵检测系统等基本的网络安全防护措施。

（2）应提高安全意识。定期对员工进行网络安全和数据保护培训，提高员工的安全意识和应对能力，并推动酒店内部的安全文化建设，使每个员工都认识到数据安全的重要性。

（3）应制定和完善数据泄露应急预案，确保在事件发生时能够迅速响应和处理，尽量减少影响，并定期进行应急演练，模拟数据泄露事件，检验应急预案的有效性并不断改进。

2. 微软搜集用户数据事件

2016 年 7 月，法国数据监管机构法国国家信息和自由委员会（Commission Nationale de l'Informatique et des Libertés，CNIL）向微软发出警告函，指责微软利用 Windows 10 系统搜集了过多的用户数据，并且在未获得用户同意的情况下跟踪了用户的浏览行为。同时，微软并没有采取令人满意的措施来保证用户数据的安全性和保密性，没有遵守欧盟"安全港"法规，因为它在未经用户允许的情况下就将用户数据保存到了用户所在国家之外的服务器上，并且在未经用户允许的情况下默认开启了很多数据追踪功能。CNIL 限定微软必须在 3 个月内解决这些问题，否则将面临委员会的制裁。

通过该事件，可以得到如下启示。

大数据时代，各类企业都在充分挖掘用户数据价值，不可避免地导致用户数据被过度采集和开发。随着全球个人数据保护日趋严苛，企业在收集数据时必须加强法律遵从和合规管理，尤其要注重用户隐私保护，获取用户个人数据需满足"知情同意""数据安全性"等原则，以保证组织业务的发展不会面临数据安全合规的风险。例如，欧盟 2018 年实施的《通用数据保护条例》（GDPR）就规定企业违反条例的最高处罚额将达全球营收的 4%。

综上所述，数据安全对于个人、机构以及国家的重要性不言而喻。各行各业都应该高度重视数据安全问题，并采取有效措施来保护数据的安全性和隐私性。通过加强技术防护、完善管理制度以及提高员工的安全意识等方面的努力，共同构建一个更加安全、可靠的数字世界。

7.3　案例分析与启示总结

随着信息技术的快速发展，数据的价值日益凸显，而数据安全防护的复杂性也与日俱增。通过对一系列数据安全案例的深入分析，本节提炼出数据安全防护的最佳实践，并为当前的数据安全工作提供有益的启示和建议。

7.3.1　从案例中提炼数据安全防护的最佳实践

1. 定期进行数据安全风险评估

在众多案例中，不难发现定期进行数据安全风险评估是确保数据安全的重要举措。通过全面的风险评估，能够及时发现系统的弱点、所面临的威胁及潜在的风险，从而采取相应的防护措施。

首先，必须明确哪些数据是其核心资产，这些资产包括但不限于客户信息、财务数据及知识产权信息等。此类数据的保密性和完整性对于企业的运营至关重要，一旦遭遇泄露或篡改，将可能给企业带来无法估量的损失。

在针对企业的关键资产进行保护时，必须进行详尽的威胁与漏洞分析。就外部威胁而言，需识别并评估潜在风险，如黑客攻击、恶意软件感染等；同时，也不能忽视内部可能存在的安全漏洞，如系统配置不当、密码的脆弱性等。这些分析对于构建全面有效的安全防护体系至关重要。

基于详尽的威胁与漏洞评估结果，必须精心制定一系列风险缓解策略。这些策略包括但不限于加强员工的安全意识培训，确保全员具备应对安全挑战的能力；更新并强化安全策略，以应对不断变化的网络安全环境；及时修补系统漏洞，确保系统的完整性和可靠性。

2. 强化数据加密措施

数据加密是保护数据机密性和完整性的核心手段。经过案例分析显示，高强度的加密算法和适宜的密钥管理策略在数据安全中占据重要的地位。这些措施确保了数据在传输和存储过程中的安全性，有效抵御了数据泄露和被篡改的风险。为了确保数据在传输和存储过程中的安全性，应采用国际广泛认可且经过验证的加密算法，如 AES 和 DES 算法等。这些加密算法提供了强大的数据保护能力，能够有效抵御各种安全威胁。为确保密钥的安全性和可用性，应构建一套完善的密钥管理体系。此体系应涵盖密钥的生成、分发、存储、定期更新及销毁等多个关键环节，以确保密钥在整个生命周期内得到妥善管理，从而保障数据的安全性。

3. 建立完善的访问控制和身份认证机制

严格的访问控制和身份认证机制是维护数据安全、防止数据泄露和非法访问的重要举措。基于数据的敏感性和重要性，应制定并执行严格的访问控制策略，以确保只有经过适当授权的用户才能访问和操作敏感数据，从而保障数据的安全性和完整性。为了增强系统的安全性，应采用多因素认证机制，如结合使用密码、指纹及面部识别等多重认证手段，以构建更为坚固的安全防线。

4. 持续的安全培训和员工意识提升

员工作为数据安全的首要防线，其安全意识和操作技能的强化对于数据安全的维护至关重要。通过持续的安全培训，能够显著增强员工对数据安全的认知，并提升他们在日常工作中应对安全挑战的能力。为确保员工对数据安全保持高度警觉，应定期组织数据安全培训活动，使员工能够及时了解并掌握最新的安全威胁动态和相应的防护措施。为提高员工在紧急情况下的应对能力，应组织模拟网络攻击等演练活动，以模拟真实场景中的安全威胁，让员工在实践中掌握应对技巧，从而增强他们在面对实际安全事件时的处理能力。

5. 制订并执行有效的数据备份和恢复计划

数据备份与恢复计划的制订与实施，是企业在面对数据丢失或损坏风险时的重要应对策略。为确保数据的实时性和完整性，应建立定期自动备份机制，通过自动化的方式在指定时间间隔内进行数据备份，以减少人为操作带来的风险。为应对紧急情况，需制订详尽的数据恢复计划，内容涵盖备份数据的存储位置、明确的恢复流程及人员分工等关键要素，确保在危机发生时能迅速且有效地恢复数据。

7.3.2　案例对当前数据安全工作的启示与建议

通过对过往案例的深入剖析，可以为当前的数据安全工作提炼出以下具有指导意义的启示和建议。

1. 高度重视数据安全风险评估工作

数据安全风险评估作为预防和应对数据泄露、损坏等风险的关键环节，应得到组织的高度重视。为确保系统安全，应定期集结专家团队，对系统进行全面且深入的风险评估。

（1）建立风险评估机制。为确保数据安全的持续稳定，应制订定期风险评估计划，并明确评估的具体目标、执行流程及采用的方法。

（2）引入专业团队。为确保风险评估的客观性与准确性，应借助专业的网络安全团队或第三方机构的知识和经验，进行详尽的风险评估工作。

（3）及时修补安全漏洞。基于风险评估的结果，应迅速识别并修补系统中存在的安全漏洞，从而显著降低系统遭受攻击的风险。

2. 加大数据加密技术的投入和应用

数据加密技术作为保护数据机密性和完整性的关键工具，应得到组织的重点关注，企业应加大对数据加密技术的投入。通过应用数据加密技术，组织能够显著提升其数据的安全性。

（1）采用最新加密算法。应密切关注最新的加密算法和技术发展动态，以便及时采用更为安全有效的加密算法来保护其数据，确保数据的安全性和完整性。

（2）提升密钥管理水平。为了保障密钥的安全性、可用性和可追溯性，应构建一套完善的密钥管理体系，涵盖密钥的生成、分发、存储、使用、更新及销毁等各个环节。

（3）加强数据传输和存储安全。在数据的传输和存储过程中，应实施加密技术，以确保数据在传输通道和存储介质中的安全性，防止数据被非法截取或篡改。

3. 不断完善和更新访问控制和身份认证机制

鉴于网络安全环境的持续演变，对于访问控制和身份认证机制的要求也需不断跟进和完善，以确保其始终与最新的安全标准相符。

（1）定期审查访问权限。为确保用户访问权限的合理性和必要性，应定期对用户的访问权限进行审查和调整，以符合业务需求和安全要求。

（2）引入先进的身份认证技术。为提升系统的安全性，应采用生物识别、动态令牌等先进的身份认证技术，以增强身份认证的准确性和可靠性。

（3）建立安全审计机制。为确保用户访问行为的安全性，应对用户的访问活动进行安全审计，以便及时发现并妥善处理任何异常或可疑的访问行为。

4. 加强员工的安全意识和操作技能培养

对企业的数据安全而言，员工在其中扮演着重要的角色，应加强员工的安全意识和操作技能培养。

（1）制订培训计划。为确保员工能够充分理解和执行与其岗位和职责相关的安全要求，应制订个性化的安全培训计划，以满足不同岗位和职责的安全需求。

（2）组织模拟演练。应定期开展模拟网络攻击等演练活动，以模拟真实的安全威胁场景，从而提高员工在紧急情况下的应对能力和团队协作精神。

（3）建立奖惩机制。在数据安全工作中，对于表现卓越、贡献突出的员工，应给予表彰和奖励，以肯定其努力和成绩；同时，对于违反安全规定、导致安全事故的员工，则应给予相应的批评和惩罚，以纠正其行为并防范类似事件再次发生。

5．建立健全数据备份和恢复机制

数据备份与恢复机制是防范数据丢失的一道坚实防线。为确保在突发情况下能够迅速且准确地恢复数据，必须建立健全数据备份与恢复机制，以确保数据的安全性和可用性。

（1）制订详细的备份计划。在数据备份与恢复机制的构建中，应明确备份的频率、存储的具体位置及恢复流程等关键细节，以确保备份策略的全面性和可执行性。

（2）建立灾难恢复预案。为应对可能发生的各种灾难性事件，应预先制定详尽的恢复预案，确保在灾难发生时能够迅速且有效地恢复数据，保障业务的连续性和数据的完整性。

（3）定期测试备份数据的可用性和完整性。为确保备份数据的可用性和完整性，应定期对备份数据进行严格的测试和验证。此外，对于数据恢复的速度和效率也应给予充分重视，以便在紧急情况下能够迅速恢复数据，最大程度地减少潜在损失。

综上所述，通过深入分析数据安全案例中的经验和教训，为大家不断完善和改进当前的数据安全工作提供了宝贵的借鉴。同时，企业应结合实际情况和需求，量身打造具体的数据安全防护策略，以确保企业的数据安全得到更为坚实的保障。

结　　语

在数字化、信息化的时代背景下，数据安全已经成为全球关注的焦点。数据，这一"新时代的石油"，其重要性日益凸显。然而，随着数据的增长和流动，数据安全问题也随之而来，这不仅对个人隐私构成威胁，也影响着企业的商业机密和国家的安全。因此，深入探讨数据安全的重要性，并采取相应的保护措施，显得尤为重要。

本书从数据加密、访问控制、安全审计等多个角度，对数据安全进行了全面的剖析和解读。本部分将对数据安全的重要性进行更为深入的阐述，回顾本书的核心内容，并展望未来数据安全的发展趋势，提出相应的建议。

一、数据安全的重要性：守护信息的宝藏

（一）保护个人隐私的坚固屏障

在数字化时代，个人信息已经成为一种重要的资源。人们的姓名、地址、电话号码、电子邮箱等基本信息，以及消费习惯、浏览记录等更为具体的数据，被广泛收集和使用。这些数据不仅用于商业营销，还可能被用于不法活动，如身份盗窃、诈骗等。因此，数据安全是保护个人隐私的重要防线。

（二）维护企业核心竞争力的关键

对于企业而言，数据是其重要的资产和核心竞争力。客户数据、销售数据、库存数据等都是企业运营的关键信息。如果这些数据被泄露或被竞

争对手获取，将对企业的运营和市场份额构成严重威胁。因此，数据安全对于企业来说至关重要，它关系到企业的生存和发展。

（三）国家安全的基石与保障

数据不仅关乎个人和企业，也与国家的安全息息相关。国家的重要数据，如军事机密、经济统计数据、社会调查数据等，一旦被敌对势力或恐怖分子获取，将对国家的政治、经济和军事安全造成极大的威胁。因此，数据安全是国家安全的基石和保障。

二、本书核心内容回顾与详解

（一）数据加密技术：信息的"迷彩服"

本书详细介绍了数据加密技术，这是保护数据安全的重要手段之一。数据加密通过将明文数据转换为密文形式，使得未经授权的人员无法读取和理解原始数据。本书讲解了对称加密、非对称加密及混合加密等加密方法，并分析了它们的优缺点，还介绍了如何在实际应用中选择合适的加密算法和密钥管理策略，以确保数据的机密性和完整性。

对称加密技术使用相同的密钥进行加密和解密。这种加密方式速度快、效率高，但密钥的分发和管理是一个难点。

非对称加密技术使用一对公钥和私钥进行加密和解密，公钥用于加密，可以公开，而私钥则用于解密。这种加密方式安全性较高，但计算复杂度较大。

混合加密技术则结合了对称加密和非对称加密的优点，既保证了加密速度，又提高了安全性。

（二）访问控制技术：数据的"守门人"

访问控制技术是确保数据不被未授权访问的重要手段。本书详细讲解了身份验证、权限管理等访问控制技术的核心原理和应用实践。通过身份验证技术，系统可以确认用户的身份，防止冒充和非法访问。而权限管理技术则可以控制用户对数据的访问和操作权限，确保只有经过授权的用户才能访问敏感数据。

身份验证技术包括密码验证、生物特征识别、多因素认证等。这些技术可以确保只有合法的用户才能登录系统并访问数据。

权限管理技术则通过基于角色的访问控制、基于属性的访问控制（Attribute-Based Access Control，ABAC）等方法，实现细粒度的权限控制。这些技术可以根据用户的角色、属性等因素，动态地分配和撤销访问权限。

（三）安全审计与监控：数据的"守护者"

安全审计与监控是确保数据安全的重要手段之一。本书介绍了如何通过日志记录、行为分析等方式，对数据的访问和使用进行实时监控和审计。通过这些措施，可以及时发现异常行为、追踪安全事件、评估安全风险，并采取相应的应对措施。

日志记录技术可以详细记录数据的访问和使用情况，包括访问时间、访问来源、操作类型等信息。这些日志可以用于后续的审计和分析。

行为分析技术则可以通过对用户行为的监测和分析，发现异常模式和潜在的安全威胁。例如，通过分析用户的登录时间、访问频率、操作习惯等因素，可以判断是否存在恶意行为或内部泄露等风险。

（四）实际案例分析：真实场景的"教科书"

本书通过多个实际案例分析，深入剖析了数据安全领域的常见问题和挑战。这些案例涵盖了技术漏洞、攻击手段、管理缺陷等多个方面，为读者提供了真实场景下的数据安全实践经验。通过这些案例分析，读者可以更加直观地了解数据安全的实际问题和应对策略，提高自身的安全意识和应对能力。

三、未来数据安全发展展望与建议

（一）技术创新的持续推动

随着技术的不断发展，数据安全领域将面临更多的挑战和机遇，这就需要持续推进技术创新，研发更为先进、高效的数据安全技术。例如，利用人工智能、机器学习等技术，实现对数据的智能分类、风险评估和异常检测；利用区块链技术，构建分布式、可追溯的数据安全体系；利用云计算和大数据技术，实现数据的集中存储、分析和挖掘等。

同时，还应关注新技术带来的新安全风险，并制定相应的防范措施。例如，随着物联网技术的普及，越来越多的设备将接入互联网，如何确保这些设备的数据安全将成为一个重要的问题。因此，研发针对物联网设备的安全防护技术，确保数据在传输、存储和处理过程中的安全性很有必要。

（二）政策法规的完善与严格执行

政策法规是保障数据安全的重要手段之一。然而，目前许多国家和地区在数据安全方面的法律法规尚不完善或执行不力。因此，需要政府部门积极推动相关政策法规的完善与实施，为数据安全提供有力的法律保障。

政府应制定和完善数据安全相关的法律法规，明确数据安全的定义、责任主体、处罚措施等。同时，还应建立数据跨境流动的监管机制，防止数据被非法获取或滥用。政府应加强对企业数据安全的监管力度，确保企业遵守相关法律法规。对于违反数据安全规定的企业，应依法进行处罚并公示处理结果，以起到警示作用。政府还应加强与其他国家和地区的合作与交流，共同制定全球性的数据安全标准和规范。通过国际合作与交流，可以共同应对跨境数据安全问题，促进全球数据安全治理体系的完善与发展。

（三）行业自律与合作的深化

数据安全是一个全球性的问题，需要各国、各行业共同努力。各国、各行业应该倡导行业自律，制定并遵守行业规范，共同维护数据安全。同时，加强国际合作与交流也是必不可少的。通过分享经验、协同应对安全威胁等方式，共同构建全球数据安全治理体系。

各行业应建立相应的数据安全标准和规范，明确数据安全的最低要求和最佳实践，企业应自觉遵守这些标准和规范，确保自身业务的数据安全性。各行业可以建立数据安全联盟或协会等机构，加强行业内的交流与合作，通过定期举办研讨会、培训活动等形式，分享数据安全经验和技术成果，提高整个行业的数据安全水平。各行业还应积极参与国际交流与合作项目，共同应对跨境数据安全问题，通过与国际组织、其他国家和地区的合作与交流，可以共同制定全球性的数据安全标准和规范，促进全球数据安全治理体系的完善与发展。

（四）教育与培训的加强

教育与培训是提高人们数据安全意识和技能的重要途径。社会各界需要加强数据安全教育与培训工作，提高公众和企业对数据安全的认知和应对能力。

政府和教育机构应将数据安全纳入教育体系，开设相关的课程和培训项目。通过系统的教育和培训，可以培养公众的数据安全意识和技能水平。企业应定期组织数据安全培训和演练活动，提高员工对数据安全的认知和应对能力。通过模拟安全事件、制定应急预案等措施，可以让员工更好地了解数据安全的重要性和应对策略。利用互联网、社交媒体等渠道进行数据安全知识的普及和宣传。通过发布安全提示、案例分析等内容，可以帮助公众更好地了解数据安全的风险和防范措施。

（五）建立全面的数据安全管理体系

随着数据的不断增长和数据处理方式的日益复杂，需要建立全面的数据安全管理体系来确保数据的安全性。这个体系应该包括数据加密、访问控制、安全审计等多个环节。

首先，需要对数据进行分类和分级管理，根据数据的敏感性和重要性制定相应的安全策略。对于敏感数据和高价值数据，需要采用更高级别的加密技术和访问控制策略来确保数据的安全性。其次，需要建立完善的安全审计机制，对数据的访问和使用进行实时监控和审计。通过安全审计可以发现异常行为和安全威胁，及时采取相应的应对措施来降低风险。最后，还需要建立应急响应机制来应对突发安全事件。这个机制应该包括应急预案的制定、应急响应团队的组建、应急演练的开展等多个环节。通过应急响应机制可以快速响应和处理安全事件，最大程度地减少损失和影响。

（六）强化应急响应与灾备能力

尽管目前已经采取了各种预防措施来降低数据安全风险，但仍然有可能发生安全事件。因此，需要建立健全应急响应机制和提高灾备能力来应对可能发生的安全事件。

首先，企业应制订详细的应急预案和灾难恢复计划，明确在安全事件发生时如何快速响应和恢复数据。这些预案和计划应包括备份策略、恢复流程、测试计划等内容。其次，企业应组建专业的应急响应团队，负责在安全事件发生时进行快速响应和处理。这个团队应具备丰富的技术知识和实践经验，能够迅速定位问题并采取相应的应对措施。最后，企业还应定期进行应急演练和灾难恢复测试，以验证应急预案和灾难恢复计划的有效性。通过这些演练和测试，可以发现潜在的问题和不足，并及时进行改进和优化。

综上所述，数据安全是一个复杂而重要的课题，需要大家的持续关注和努力，通过技术创新、政策法规的完善与实施、行业自律与合作、教育与培训的加强，以及建立全面的数据安全管理体系和强化应急响应与灾备能力等多方面的措施，共同构建一个更加安全、可靠的数据环境。同时，也要认识到数据安全是一个持续发展的过程，需要不断地进行风险评估和策略调整。只有时刻保持警惕并不断完善数据安全措施，才能更好地保护个人隐私、企业资产和国家安全。

参 考 文 献

马海群，崔文波，张涛，2024．我国数据安全政策文本主题挖掘及其演化分析[J]．现代情报，44（8）：28-38．

张倩，马海群，牛晓宏，2024．基于 PMC 指数模型的我国数据安全政策评价研究[J]．现代情报，44（8）：13-27．

张晓娟，王子平，周国涛，2024．大数据发展背景下网络安全与隐私保护探讨[J]．信息与电脑（理论版），36（4）：195-197．

梁燕妮，2023．企业数据合规治理：从个人数据保护到跨境数据流动[J]．社会科学家（12）：81-85．

莫琳，2024．数字经济背景下的数据交易及其法律制度构建[J]．华侨大学学报（哲学社会科学版）（1）：117-127．

冯旭，2023．总体国家安全观视域下城市数据安全治理研究[D]．兰州：兰州大学．

马宇飞，2022．企业数据安全保护义务研究[D]．北京：对外经济贸易大学．

张莉，中国电子信息产业发展研究院，2018．数据治理与数据安全[M]．北京：人民邮电出版社．

姚鑫，2018．大数据中若干安全和隐私保护问题研究[D]．长沙：湖南大学．

YEE C K, ZOLKIPLI M F, 2021. Review on confidentiality, integrity and availability in information security[J]. Journal of ICT in Education, 8(2): 34-42.

HOOFNAGLE C J, VAN DER SLOOT B, BORGESIUS F Z, 2019. The European Union general data protection regulation: What it is and what it means[J]. Information & Communications Technology Law, 28(1): 65-98.

SIMMONS G J, 1979. Symmetric and asymmetric encryption[J]. ACM Computing Surveys (CSUR), 11(4): 305-330.

SUGUNA S, SUHASINI A, 2014.Overview of data backup and disaster recovery in cloud[C]. Proceedings of the International Conference on Information Communication and Embedded Systems.

LI Q, WEN Z, WU Z, et al, 2023. A survey on federated learning systems: Vision, hype and reality for data privacy and protection[J]. IEEE Transactions on Knowledge and Data Engineering, 35(4): 3347-3366.